国家能源集团
CHN ENERGY

国家能源集团
煤矿智能化建设指南(2022 版)

国家能源集团煤炭运输部　煤矿智能化办公室　组织编写

中国矿业大学出版社
·徐州·

图书在版编目(CIP)数据

国家能源集团煤矿智能化建设指南 ：2022 版 / 国家能源集团煤炭运输部，煤矿智能化办公室组织编写. —徐州 ：中国矿业大学出版社，2022.8(2024.5 重印)

ISBN 978 - 7 - 5646 - 5528 - 0

Ⅰ. ①国… Ⅱ. ①国… ②煤… Ⅲ. ①智能技术—应用—煤矿开采—中国—指南 Ⅳ. ①TD82-39

中国版本图书馆 CIP 数据核字(2022)第 141860 号

书　　名	国家能源集团煤矿智能化建设指南(2022 版)
组织编写	国家能源集团煤炭运输部　煤矿智能化办公室
责任编辑	章　毅
出版发行	中国矿业大学出版社有限责任公司 (江苏省徐州市解放南路　邮编 221008)
营销热线	(0516)83885370　83884103
出版服务	(0516)83995789　83884920
网　　址	http://www.cumtp.com　**E-mail**:cumtpvip@cumtp.com
印　　刷	苏州市古得堡数码印刷有限公司
开　　本	787 mm×1092 mm　1/16　**印张** 10.75　**字数** 268 千字
版次印次	2022 年 8 月第 1 版　2024 年 5 月第 2 次印刷
定　　价	48.00 元

(图书出现印装质量问题，本社负责调换)

《国家能源集团煤矿智能化建设指南(2022 版)》编写委员会

主　　编　杨　鹏

副 主 编　杨荣明　尤文顺　边利平　田　臣

参编人员　（以姓氏笔画为序）

丁　震　王海春　邓文革　卢　齐　刘忠全

孙　江　李浩荡　吴晓旭　张　华　张仁生

罗会强　孟广瑞　赵星宇　郭佳伟　曹正远

崔　文　崔　杰　崔高恩　薛二龙　薛棋文

前　言

为深入学习贯彻习近平新时代中国特色社会主义思想，认真落实国家发展改革委等八部门联合印发的《关于加快煤矿智能化发展的指导意见》，按照《国家能源集团关于进一步加快煤矿智能化建设的通知》等相关要求，煤矿智能化办公室编制下发了《国家能源集团煤矿智能化建设指南(试行)》。

为进一步适应煤炭工业快速发展的需要，加强煤矿智能化建设技术支持的力度，参照《国家能源局 国家矿山安全监察局关于印发〈煤矿智能化建设指南(2021年版)〉的通知》(国能发煤炭规〔2021〕29号)，结合国内外煤矿智能化建设的实践经验、先进技术和先进理念，在征求各子(分)公司和协同创新中心意见的基础上，煤矿智能化办公室对《国家能源集团煤矿智能化建设指南(试行)》进行了修订，对结构和内容进行了优化和完善。修订后的内容包括信息基础设施、井工煤矿、露天煤矿、选煤厂及配置建议表，重点介绍了管控平台、通信网络、透明地质、灾害预警、智能采煤、智能掘进、智能穿爆、智能采剥、智能选煤厂等初级、中级、高级建设内容。

本书配套编写了《〈国家能源集团煤矿智能化建设指南(2022版)〉解读及解决方案》，提升了本书的针对性、可读性和指导性。

书中疏漏之处，恳请广大读者批评指正。

编写委员会

2022年6月

目　录

第一部分　信息基础设施

第二部分　井工煤矿

第三部分　露天煤矿

第四部分　选煤厂

附　　录

第一部分

信息基础设施

第一章　智能一体化管控平台

智能一体化管控平台是基于国家能源集团(以下简称“集团”)统一数据标准、工业互联架构,采用“云边协同”模式部署,覆盖煤矿安全、生产、调度、运营等业务领域的一体化综合性管控平台。

一、初级

构建“一体化、全接入、集成融合”管控模式。

(1) 生产执行系统:具备一体化生产计划协同编制、原煤生产作业闭环管理、设备全生命周期管理等功能。

(2) 生产集中控制系统:基于统一的工业标准协议,实现煤矿主要生产环节实时信息综合集成、远程控制及可视化展示。设备控制以就地为主,并与生产执行系统进行数据交互。

(3) 安全集中监测系统:具备接入瓦斯、水、火、顶板、人员位置、车辆位置等监测感知系统功能,实现精准感知、分级报警、应急联动,并与生产执行系统实现业务协同。

(4) 依托煤矿云计算数据中心建设智能一体化管控平台,贯通智能生产执行层与智能控制层数据通道,实现生产集中控制和安全监测融合、管控协同。

二、中级

构建“模型化、可视化、协同联动”管控模式。

(1) 生产执行系统:具备设备、生产、运营等方面的算法模型,依托煤矿云计算数据中心,实现生产运营信息动态可视化和联动分析,支撑多层级、多业务一体化协同作业。

(2) 生产集中控制系统:通过人工智能技术,监控设备健康状态及人员安全状态。根据业务场景,通过配置关联数据,实现各系统间主要生产环节设备的智能联动。

(3) 安全集中监测系统:具备设备、环境、人员感知监测信息标准化接入功能,实现同时序下多系统参量综合模态化监测报警、预测预警、安全管理分析预判。

(4) 基于算法模型进行大数据分析,实现生产运营监测、生产控制协同联动、安全监测管理预判。

三、高级

构建“自主化、精准化、智能决策”管控模式。

(1) 生产执行系统:以业务高效协同和自主优化为目标,持续提升系统自发现、自决策和自处理问题能力,逐步满足智能化生产新型管理模式及业务流程管理的需要。

(2) 生产集中控制系统:进一步对采集到的所有数据进行关联分析,挖掘数据价值,实现生产运行过程中异常预警、诊断、监管,并持续优化,确保生产过程安全可靠。

(3) 安全集中监测系统:依托三维地质空间安全监测模型、重大灾害风险智能判识模型,构建煤矿精准预警体系和专家决策平台,实现预警预测、精准分析。

第二章　煤矿云计算数据中心

煤矿云计算数据中心接入来自集团统建系统、板块统建系统、子（分）公司自建系统业务数据，采集控制层及设备层的监测监控数据，构建煤炭板块全局数据视图，并提供实时数据计算分析功能。

（1）数据采集服务：具备多源异构数据接入、转换、清洗能力，源系统接入数据符合集团公司主数据标准和编码标准。

（2）数据存储服务：具备矿区海量异构数据存储能力，包括关系型数据存储、空间数据存储、实时数据存储、非结构化数据存储等部分。

（3）数据计算服务：具备批量计算和流式计算能力，提供批流一体的数据计算引擎。

（4）数据管理服务：具备监控煤矿云计算数据中心整体运行状况的能力，为日常数据维护提供管理工具。

（5）数据访问服务：具备对用户和系统提供授权可控数据共享和访问服务功能。

（6）人工智能服务：具备大数据分析、机器学习、模式识别、语义分析等人工智能分析功能，为生产控制和运营管理提供高效决策支持。

第三章 通信网络

矿区通信网络建设需遵循技术先进、运行可靠和专网专用的原则,核心节点设备具备冗余结构和监控管理功能,保障有线、无线网络环境的稳定运行。

一、初级

构建“万兆主干+局部无线”组网模式。结合 VLAN(虚拟局域网)划分,建设矿区主干网络传输带宽不低于万兆,按需部署 Wi-Fi 等无线通信网络,划分工控网独立传输通道,满足基础数据传输和调度通信需要。

二、中级

构建“千兆接入+多种无线”组网模式。结合当前成熟的通信技术,矿区接入的网络传输带宽不低于千兆,核心节点实现冗余配置,部署 Wi-Fi、4G/5G 等无线通信网络,划分工控网独立传输通道,满足各种有线和无线通信需求以及调度通信需要。

三、高级

构建“有线网络全万兆+无线网络全覆盖”组网模式。结合当前先进的通信技术,建设信息通信无盲区矿区,全员、全设备、全环境实时感知、监控,整体网络满足设备远程控制和数据高吞吐量传输需要。

第四章　网络安全

煤矿智能化建设应按照《中华人民共和国网络安全法》中“同步规划、同步建设、同步使用”的“三同步”原则，同步考虑网络安全防护建设，大力提升煤矿智能化网络安全防御能力。

一、初级

构建“安全分区、网络隔离、综合防护、主机监测、内部审计和统一管理”的基础网络安全防御体系。

（1）满足《信息安全技术　网络安全等级保护基本要求》和《信息安全技术　网络安全等级保护安全设计技术要求》的相关规定。

（2）满足《国家能源集团网络安全管理办法》和《国家能源集团工控系统网络安全管理办法（试行）》的相关规定。

（3）煤矿地面与井下实现信息安全保障体系的全面覆盖。

二、中级

构建“网络攻击可视化、工控资产可视化和通信状态可视化”的网络安全防御体系。

（1）通过网络安全态势感知系统，实现动态分析决策处置、核心主机精准防护、威胁情报共享联动等主动防御。

（2）针对煤矿智能化建设过程中涉及的无线网络、人工智能、云计算、物联网等新技术的应用，采取专项网络安全防护技术。

（3）具备网络安全攻防技术能力，定期开展渗透测试、风险评估等网络安全服务。

（4）具备工控网络实时监测、事后审计等网络安全事件应急处置功能。

三、高级

构建“关键区域敏感数据自识别、数据风险自评估、数据保护策略自执行和数据泄露事件自审计”的网络安全防御体系。

(1) 具备数据库隔离防护、数据加密、数据脱敏、数据库审计、数据防泄露等数据安全防护能力。

(2) 具备设备身份标识、设备认证、设备接入、安全连接等可信接入能力。

(3) 具备身份鉴别、访问控制、资源管理、授权管理、行为审计等身份认证能力。

第二部分

井工煤矿

第一章 透明地质

一、初级

构建“静态探测＋三维地质几何模型”透明地质模式。

(1) 应用煤矿井下地质、探放水的勘探技术与装备。

(2) 利用各种探测、监测数据建立地质数据库。

(3) 具备多源数据融合功能。

(4) 具备地层、构造几何建模及模型剖切等功能。

(5) 实现对煤矿隐蔽致灾地质因素的静态探测和三维地质信息的模型表达。

二、中级

构建“动态探测＋三维地质属性模型”透明地质模式。

(1) 应用采掘工作面前方地质异常体动态探测的技术与装备。

(2) 勘探设备具有数据自动采集、上传、存储与分析的功能。

(3) 具备采掘工作面前方三维地质多属性信息动态建模能力。

(4) 具备接入主要灾害监测数据的功能，在三维属性模型上同步映射显示，形成三维动态多属性模型。

(5) 具备三维储量动态管理功能。

(6) 实现对煤矿井下地质构造的精细探测和煤矿瓦斯、水文、火区等多属性信息的模型表达。

三、高级

构建“监测预警＋三维地质开采模型”透明地质模式。

(1) 应用采掘工作面前方地质异常体的动态探测和实时监测的技术与装备。

(2) 具备采掘工作面三维地质模型动态更新的能力。

(3) 通过动态数据适时更新，形成三维透明地质模型，可对地质隐蔽属性进行透明表达。

(4) 三维动态地质模型应与采掘工作面集控中心数据共享,实现基于透明地质模型的智能化采掘。

(5) 实现煤矿隐蔽致灾地质因素的探测、监测和煤矿生产相关地质信息的预测预报。

第二章 智能采煤

一、初级

构建“自主移架＋记忆割煤＋跟机干预＋集控”5人采煤模式。

(1) 采煤机具备记忆割煤、在线监测及故障诊断等功能，并安设摇臂摆角、机身倾角等姿态监测传感器。

(2) 液压支架具备自动跟机移架功能，能跟随采煤机自动完成伸收护帮、移架、推溜、喷雾降尘等动作。

(3) 集控中心具备采煤机、液压支架、泵站、供电系统等设备工况监测及一键启停控制功能，可实现工作面及固定点视频监控。

(4) 采煤工作面具有自动喷雾高效除尘系统。

(5) 综放工作面具备遥控器或放煤键盘放煤等功能。

二、中级

构建“协同作业＋有人巡视＋远程干预”3人采煤模式。

(1) 采煤机具备记忆割煤和人工远程干预割煤功能，满足远程集中操控的要求。

(2) 液压支架具备姿态感知监测、工作面直线度自动监测及找直功能；两巷超前支架、转载机及带式输送机自移等设备具有自动化控制功能。

(3) 集控中心具备采煤机、液压支架可视化远程监控功能和自动化使用率、干预率等数据报表自动生成功能。

(4) 采煤工作面具备煤流负荷平衡、供液系统联动、安全系统联动等协同控制功能。

(5) 综放工作面应具备跟机放煤功能。

三、高级

构建“自主割煤＋无人跟机＋智能决策”0人采煤模式。

(1) 采煤机具备机身姿态自感知、截割自适应、自主割煤等功能，构建透明工作面数字模型、人工智能算法模型等。

(2)液压支架具备姿态自感知、自监测、自找直功能，按规划需求实现全工作面自动跟机控制。

(3)集控中心(井下、地面)具备工作面主要设备运行状态智能分析、智能决策、智能调控功能。

(4)采煤工作面具备设备与环境感知监测预警、智能视频识别、云巡视、人员接近防护等功能。

(5)综放工作面具备记忆放煤、远程放煤等智能化功能。

第三章　智能掘进

一、初级

构建“掘进设备远控＋运输设备集控”9人掘进模式。

(1) 超前探测设备应实现机械化作业。

(2) 掘进设备具备遥控操作、状态监测、故障诊断、声光报警等功能。

(3) 钻锚设备具备定位、钻孔、锚固、自锁等环节液压操控功能。

(4) 多部带式输送机实现集中控制。

(5) 集控中心具备掘进作业视频监控、掘进设备远程操控等功能。

二、中级

构建“掘支平行＋远程集控”7人掘进模式。

(1) 超前探测设备具备自动接卸钻杆、自动钻进、远程操控等功能，实现自动化作业。

(2) 掘进设备具备自动导航、自适应截割功能，实现信息自动采集存储、远程集中操控。

(3) 钻锚设备具有锚固质量自动检测、自适应钻进、电液控操作等功能，并配置便携式遥控器。

(4) 带式输送机具有自动张紧、机尾自移等功能，实现远程集控、连续运输、无人值守。

(5) 工作面具有人员精确定位、设备危险区域人员接近识别及报警停机功能。

(6) 集控中心具备掘支运设备可视化远程操控、各设备工况在线监测和故障诊断等功能，并具有工作面场景再现功能。

三、高级

构建“自主掘进＋协同作业＋远程监控”5人掘进模式。

(1) 超前探测设备具有工况自动识别和停钻、视频监控、测斜及数据处理、煤岩识别等功能。

(2) 掘进设备具有自主定位、定姿、定向、自主截割功能,实现自动导航、自主纠偏、自主掘进和协同作业。

(3) 钻锚装置具备自动铺网、自动定位、自动钻孔、自适应进给等功能,实现锚杆(索)作业流程自动化。

(4) 运输设备具备状态实时监测及多设备的信号交互联控的功能,转载机组具备自动纠偏、过载保护和远程控制的功能。

(5) 集控中心(井下、地面)具备环境三维建模、矿山数字孪生等功能,实现成套设备一键启停和多机协同控制。

第四章　灾害预警

一、初级

构建“全面监测＋精准感知＋准确报警”灾害预警模式。

（1）根据矿井生产条件和灾害类型，部署相对应的煤矿灾害监测系统，实现井下重点区域和重点对象的全覆盖监测。

（2）采用激光检测、红外监测、AI（人工智能）视频、光纤光栅和无线传感器、多参数一体化传感器等先进感知技术及装备，提高灾害监测系统的感知精度及稳定性。

（3）通过多传感器时空关系联合判识和多感知手段监测结果协同判断，优化系统报警逻辑，降低误报率。

（4）根据矿井灾害特征和规律，合理设定报警阈值，实现煤矿灾害科学报警，报警准确率较现阶段提高20％。

二、中级

构建“信息融合＋统一平台＋异常报警＋综合预警”灾害预警模式。

（1）搭建煤矿灾害一体化预警、报警平台，具备煤矿主要灾害数据的统一采集、统一存储、统一管理、统一展示的功能，实现80％以上灾害数据的融合。

（2）根据煤矿生产、地质条件和灾害特点，确定合理的预警指标及预警模型，实现矿井主要灾害多因素综合预警。

（3）实现矿井主要灾害数据融合和超前预警。

三、高级

构建“自主建模＋融合预警＋致因溯源”灾害预警模式。

（1）预警平台能够依据透明地质模型和人工智能算法等技术实现预警指标自动优选，并具备预警模型自适应、预警原因溯源功能。

（2）实现水、火、瓦斯、顶板、冲击地压等重大灾害多源信息融合预警，预警准确率提高40％。

第五章 智能通风

一、初级

构建“风量准确监测＋动力无人值守＋风门自动控制＋系统平台管理”智能通风模式。

(1) 监测感知:测风站应布置风速(风量)传感器或自动测风装置,实现无人测风,其他通风环境参数传感器的数量和位置应满足精确测风、瓦斯涌出量计算和环境状态识别的需要,可以对监测数据进行自动分析。

(2) 通风动力:主要通风机实现在线监测、故障分析诊断和预警,并具有一键启动、一键反风、一键倒机和远程集中控制功能;局部通风机实现在线监测和安全分析预警,并具有“三专两闭锁”和远程启停集中控制功能。主要通风机及配电室和局部通风机应配备视频监控设备。

(3) 通风设施:主要风门具备就地自动控制功能,实现正常通风期间防夹车、防夹人、防短路、安全控风和可靠闭锁,并配备视频监控设备。

(4) 软件平台:具备通风信息化管理功能,实现通风报表自动生成、通风立体图和通风网络图自动绘制、通风系统图在线动态管理、通风网络数字建模、通风动力性能曲线建库、通风系统三维可视化、基于监测数据实时通风网络解算(通风阻力解算)。

(5) 实现通风作业人员减员20%。

二、中级

构建“风阻在线监测＋故障智能诊断＋定量远程集控＋控风辅助决策”智能通风模式。

(1) 监测感知:主要进回风巷设置绝对大气压、压差、温度、湿度传感器,实现通风阻力在线监测。

(2) 通风动力:主要通风机实现风机叶片动叶可调或变频远程自动控制,局部通风机实现变频远程控制。

(3) 通风设施:主要风门具有远程集中控制功能,灾变时期可实现远程快速解除闭锁控风。风窗具有开启面积定量化远程集中控制、就地自动控制和应急手动控制功能,并具有瓦斯超限控风防瓦斯闭锁断电功能。

(4) 软件平台:具有在线故障智能诊断和用风点需风量的辅助快速计算、按需供风的优化调节等功能,实现测点布置、风窗调节、风量调节的辅助决策,实现通风动力、通风设施、通风网络的故障智能诊断。

(5) 实现通风作业人员减员 40%。

三、高级

构建"瓦斯无人巡检+密闭自动施工+应急设备远程控制+控风自主决策"智能通风模式。

(1) 监测感知:实现瓦斯无人巡检,瓦斯检查工巡检(包括检测、上板、记录等)全部实现无人化。

(2) 通风设施:实现风门、风窗安装施工和密闭施工自动化辅助作业。

(3) 应急控风设备:风井防爆门、井下主要防火门和快速密闭装置等应急控风设备实现灾变自主自动控制或远程集中控制。

(4) 软件平台:授权状态下,具有生产控风时通风动力设备自主调控和通风设施与通风动力的自主联动调控功能,可实现灾变烟流扩散模拟计算、反风模拟计算、避灾与救灾路线决策计算、灾变调风和智能控风辅助决策,可与灾害预警系统、工业自动化系统、人员车辆定位系统集成。

(5) 实现通风作业人员减员 60%。

第六章 智能运输

一、主运输系统

(一)初级

构建"地面集控+有人巡视"智能运输模式。

(1)带式输送机运输系统具备语音预警和通信功能,各类传感器及保护齐全,实现联锁远程集中控制。

(2)立井箕斗具备提升速度、提升重量等智能监测功能和完善的智能综合保护功能,实现立井箕斗提升的自动化远程控制。

(3)主运输系统具有煤量监测功能。

(4)主运输系统的重点场所应配备视频监控系统。

(二)中级

构建"协同运行+无人值守"智能运输模式。

(1)带式输送机运输系统具备变频调速控制功能。

(2)具备智能集中润滑、油脂在线监测、钢丝绳芯带面无损检测及电子围栏功能。

(3)运输巷道应建设智能降尘和防灭火监控系统。

(4)箕斗提升系统具备首尾绳无损自动监测功能。

(三)高级

构建"智能运行+云巡视"智能运输模式。

(1)建设智能感知、智能决策、自动执行的全矿井煤流智能运输系统,与工作面开采系统和煤仓存储系统智能联动,实现全矿井煤流系统智能运行。

(2)建设人工智能识别系统,具备大块煤/堆煤/异物的识别与预警等功能。

(3)固定煤流运输沿线具备云巡视功能。

(4)具有设备预防性维护和检查功能。

(5)带式输送机运输系统应采用永磁同步直驱及智能除铁装置。

二、辅助运输系统

（一）初级

构建“精确定位＋实时监控”智能辅运模式。

（1）副立井提升、斜井提升、架空乘人装置、有轨电机车、无轨胶轮车等辅助运输系统具备完善的综合保护功能。

（2）有轨电机车具备运输区段占用状态监测、信号及道岔的安全控制、区段进路的安全防护功能。

（3）辅助运输系统具备精确定位功能，重点场所应配备视频监控系统。

（二）中级

构建“智能调度＋透明跟踪”智能辅运模式。

（1）辅助运输管控系统具备运输过程可视化、可追踪，人员与车辆智能调度功能。

（2）运输车辆配置智能保护装置，提升安全防护能力。

（3）提升系统应具备钢丝绳无损在线监测功能。

（三）高级

构建“路径规划＋无人驾驶”智能辅运模式。

（1）满足辅助运输各种工艺条件下物料的集装箱运输、自动接驳、井下物资的半自动装卸及自动装卸。

（2）在人工干预的前提下实现有轨电机车以及无轨胶轮车的自动启停、自主避让、自动跟车。

（3）提升系统及架空乘人装置具备设备预防性维护和检查功能。

第七章 智能辅助

一、供配电系统

(一) 初级

构建“地面集控+有人巡视”智能供配电模式。

(1) 具备井下主变电所、采区变电所高(低)压电气设备遥信、遥测、遥控、遥调、遥视信息的实时监控与电力调度功能。

(2) 具备电子挂牌功能和故障诊断预警功能,智能高压开关具备顺序控制功能、防误操作和远程闭锁功能。

(3) 具备数据采集、数据辨识、运行监控和峰谷电能计量、能耗统计等功能,软件接口开放。

(二) 中级

构建“协同运行+无人值守”智能供配电模式。

(1) 井下重要配电点均实现电力监控。

(2) 建设矿井防越级跳闸系统,具备防越级跳闸保护、远程漏电试验、选择性漏电保护、在线故障录波、电能质量分析等功能。

(3) 井下各变电所装设门禁系统及电缆沟、电缆夹层测温装置。

(三) 高级

构建“智能运行+云巡视”智能供配电模式。

(1) 具备云巡视功能。

(2) 系统应具备自动防灭火、智能告警、供配电设备故障自诊断、定值智能整定和云端大数据分析功能。

二、供排水系统

(一) 初级

构建“地面集控+有人巡视”智能供排水模式。

(1) 排水系统具备两种可靠的引水装置及双水位双报警功能,配备视频监控系统。

（2）排水系统有远程、自动、手动等多种控制方式，具备工况参数监测功能，软件接口开放。

（二）中级

构建“协同运行＋无人值守”智能供排水模式。

（1）水泵房设备运行实现在线监控，能够自动、手动控制水泵的启停及闸阀的开关，并具有自诊断功能。

（2）水泵房具备自动防灭火功能。

（3）具备设备集中润滑、多水平阶梯式联合排水监控、管网监测、离散排水点监控等功能。

（三）高级

构建“智能运行＋云巡视”智能供排水模式。

（1）具备设备预防性维护和检查功能。

（2）具备与水文监测系统和电力监控系统的联动预警与控制功能。

（3）具备云巡视功能。

（4）具备通过多传感器和各系统数据融合实现按需供水以及对用水量的预分析功能。

（5）具备淤泥在线监测和自动清淤功能。

三、压风制氮系统

（一）初级

构建“地面集控＋有人巡视”压风制氮模式。

（1）具备在线监测压风机和制氮机工况参数的功能，软件接口开放。

（2）具有远程、自动、手动等多种控制方式，压风机及冷却水泵具备自动轮换运行、故障自动切换、定时自动切换和一键切换、风包定期自动排污等功能。

（3）压风（制氮）机房及配电室配备视频监控系统及后备电源。

（二）中级

构建“远程集控＋无人值守”压风制氮模式。

（1）可根据风压、风量需求自主投运压风机工作台数。

（2）具备自动调风、氮气浓度调节功能。

（3）具备能耗自动分析与计算功能，压风（制氮）机房及配电室具备智能门禁、自动防灭火功能。

（三）高级

构建“智能运行＋云巡视”压风制氮模式。

(1) 具备设备预防性维护和检查功能。

(2) 具备变频调速控制、管网压力及漏风监测功能。

(3) 具备云巡视功能。

第三部分

露天煤矿

第一章　智能穿爆

一、初级

构建“精准定位＋精确感知控制＋自动设计”智能穿爆模式。

(1) 穿孔设备具备钻头位置监控、引导定位等功能，实现行走速度、钻进速度、回转压力等数据精准感知和精确控制。

(2) 装药车具备精准定位、调度通信管理、作业状态监测及异常报警等功能。

(3) 穿爆管理系统具备穿孔作业自动设计、火工品数量精确计算等功能。

二、中级

构建“自动布孔＋远程操控＋跟机干预”智能穿爆模式。

(1) 穿孔设备具备孔位精准对位、钻杆自动钻进、炮孔数据精准采集等功能，实现可视化远程操控。

(2) 装药车具备接收钻孔定位信息、装药设计数据等功能，实现逐孔、定量装药。

(3) 穿爆管理系统具备地质及测量数据管理、爆区三维建模、设计优化、爆破模拟、爆破效果预测等功能。

三、高级

构建“自主运行＋高效协同＋无人干预”智能穿爆模式。

(1) 穿孔设备具备岩性识别、自主运行、应急接管等功能，实现与采装、运输等环节高效协同。

(2) 装药车实现自主行驶、逐孔精准装药，炮孔填塞机实现精准定位、逐孔填塞。

(3) 穿爆管理系统具备三维建模、爆破警戒区域远程监控及危险预警功能，根据历史爆破效果，实现智能优化孔网参数、智能布置孔位、精确设计火工品单耗。

第二章　智能采剥

一、单斗卡车间断工艺

（一）初级

构建“远程监测＋单机自动化”作业模式。

（1）单斗挖掘机具备精准定位、电缆(电铲)自动收放、运行状态监测及报警等功能。

（2）卡车制动、举升、转向等系统具备线控功能，实现高精度地图更新、运行状态监测及预警。

（3）辅助设备具备精准定位、调度通信管理、铲刀位置可视化监控、作业状态监测及报警等功能。

（4）工艺系统具备远程集中监控、交通运输管制、生产调度等功能。

（二）中级

构建“远程操控＋多机联动”作业模式。

（1）单斗挖掘机具备铲斗精准定位、斗齿监控、铲臂运动路径规划、车铲对位等功能，同时应具备可视化远程操控功能。

（2）卡车具备车铲协同作业、路径自动规划、路权自动分配、远程应急接管等功能，具备有人/无人驾驶模式切换功能。

（3）辅助设备具备作业工况全景感知和展现、电控化等功能，应具备可视化远程操控功能。

（4）工艺系统具备铲、车、辅助设备自动编组运行功能，实现采剥设备自动配比、多机联动、应急指挥。

（三）高级

构建“无人操控＋自主协同”作业模式。

（1）单斗挖掘机具备作业环境实时感知、采集与重构、自主装车等功能。

（2）卡车具备复杂工况下自主行驶功能。

（3）辅助设备具备作业环境实时感知、采集与重构、自主行走作业等功能。

(4) 工艺系统具备设备故障智能诊断、机群高效协同、作业过程平行仿真、智能预警等功能。

二、半连续工艺

(一) 初级

构建“远程集控＋无人值守”作业模式。

(1) 破碎站实现远程控制，破碎机具备自动保护功能，重型板式给料机实现调速启动。

(2) 带式输送机实现固定岗位无人值守、设备沿线有人巡视，并具备自动保护、远程控制及状态在线监测等功能。

(二) 中级

构建“协同控制＋少人巡视”作业模式。

(1) 半移动式破碎站实现车流密度远程监控、卸载台位智能分配，并具备自适应协同调速功能；自移式破碎站具备自动对中、姿态自适应调整功能，实现多设备协同操控。

(2) 带式输送机根据煤流智能调速，实现“无煤待机、少煤调速、满载正常”；设备沿线实现“少人＋云巡视”，故障信息自动采集上传。

(三) 高级

构建“智能感知＋无人巡视”作业模式。

(1) 半移动式破碎站实现智能感知，具备故障预警、自诊断功能；自移式破碎站具备可视化远程操控功能。

(2) 带式输送机实现智能决策、无人巡视，具备故障预警、自诊断、云巡视等功能。

三、连续工艺

连续工艺中带式输送机运输部分同半连续工艺中带式输送机运输部分。

(一) 初级

构建“集中控制＋跟机干预”作业模式。

(1) 采剥设备具备自动控制、可视化监控、运行状态监测、故障诊断和障碍物识别等功能，实现自动感知、自动作业和跟机干预。

(2) 排土机具备自动控制、可视化监控功能，实现自动作业和跟机干预。

(3) 工艺系统具备集中控制功能。

(二) 中级

构建“远程操控+协同运行”作业模式。

(1) 开采设备具备远程操控、模式切换、故障预测功能。

(2) 排土机具备远程操控、故障诊断、故障预测功能。

(3) 工艺系统具备自动对中、协同运行功能。

(三) 高级

构建“自主开采+集群控制”作业模式。

(1) 开采设备具备自适应记忆切割功能,实现连续采剥无人作业。

(2) 排土机具备智能控制功能,实现无人作业。

(3) 工艺系统具备智能分析决策和集群控制功能。

第三章 灾害预警

根据露天煤矿灾害程度建设灾害预警平台，实现灾害智能感知、信息融合、数据挖掘和决策支持。

一、边坡监测

（一）初级

构建“地表位移”边坡监测预警模式。

(1) 根据露天煤矿地质条件及边坡类型，在采场和排土场等重点区域布置地表位移监测预警系统。

(2) 按监测程序设定预警值、变化速率、位移矢量变化等参数。优化多参数预警修正功能，降低监测系统误报率。

(3) 具备边坡地表位移自动化监测实时预警功能。

（二）中级

构建“地表位移＋深层位移”边坡监测预警模式。

(1) 应用 GNSS(全球卫星导航系统)、GNSS-RTK、深部位移计、深部测斜仪、锚索应力监测等先进监测技术及装备，提高边坡地表和深层位移监测精度。

(2) 通过算法搜索、统计、分析和识别，设置地表和深层位移预警阈值，具备位移渐变有效分析功能，实现边坡灾害综合监测。

(3) 具备边坡地表位移、深层位移及应力状态实时监测、位移渐变有效分析功能，实现边坡灾害准确预报。

（三）高级

构建“天—地一体化”边坡监测预警模式。

(1) 建立天—地多维空间立体监测预警平台，实现多源数据智能转换和融合解算。

(2) 监测数据具备自动获取、转换、分级、解算、归纳等功能，实现预警平台智能维护和信息推送。

(3) 具备监测数据精准传输、多源数据融合解算功能，实现边坡临滑精准预报。

二、疏干排水

(一)初级

构建"实时监测+远程控制"疏干排水模式。

(1)建立实时监测系统,具备水位、水量等监测功能。

(2)建立设备监控系统,具备对采掘场排水泵组、降水井内潜水泵、供配电设施、排水管道等的实时监控功能。

(3)设备通过预设定的启动液位和停泵液位实现自动启停,具备无线远程启停功能。

(二)中级

构建"数据模型+三维监控+预警预报"疏干排水模式。

(1)建立水文地质数据模型,实现地下水流场三维可视化监控。

(2)积水区域实现根据设定警戒水位进行预警预报,排水设备具备远程操控、故障信息自动报警及推送功能。

(3)泵房具备视频监控、自动报警功能,实现无人值守、报表自动生成。

(三)高级

构建"自动排水+智能设计"疏干排水模式。

(1)融合露天煤矿大数据,实现采掘场排水泵组启动方式、排水方向智能控制。

(2)建立水文地质数据模型,具备参数自动识别验证、地下水水位(水头)精准控制功能,实现预疏干降水方案辅助设计。

(3)具备模型自动识别验证功能,实现储、供、排、需智能分配水。

第四章 智能辅助

一、地测采保障

（一）初级

构建“全环节三维数字化表达”作业模式。

（1）地质资源管理系统具备地质资源储量信息数字化、三维建模等功能。

（2）测绘管理系统具备地形、环境等测绘信息三维可视化功能。

（3）采矿设计系统具备基于三维地质模型的工程量自动计算、剥采比优化设计等功能。

（4）矿山数字孪生系统具备地面生产系统、辅助设施及开采现状模型与信息融合展示功能。

（二）中级

构建“全过程关联一体化表达”作业模式。

（1）地质资源管理系统具备地质资源储量定期更新功能。

（2）测绘管理系统具备测绘无人机自动起降、多终端远程控制等功能，实现测绘成果在线生产、动态管理、实时更新。

（3）采矿设计系统具备基于三维地质模型的采排计划自动生成、采矿方案辅助设计等功能。

（4）矿山数字孪生系统具备模型与信息间关联检索、信息综合报表生成等功能，实现基于三维模型的工程信息一体化展现。

（三）高级

构建“全周期决策虚实交互表达”作业模式。

（1）地质资源管理系统具备资源储量数据查阅、分析及动态管理等功能。

（2）测绘管理系统具备三维测绘数据自动获取、智能分析处理、共享集成等功能，实现采剥量自动快速计算。

（3）采矿设计系统具备排弃位置、采排路径、采矿方案自动优化等功能。

（4）矿山数字孪生系统具备快速制订施工进度计划、精准模拟施工工序等功能,实现矿山工程虚实交互表达。

二、智能供配电

(一) 初级

构建"自动采集+实时传输+远程监控"的供配电模式。

(1) 供配电系统进出线回路配置电流(压)变送器或综合保护仪,具备在线电量采集功能,通过总线通信实时传输至电力调度系统。

(2) 主变电所高(低)压电气设备具备遥信、遥测、遥控、遥调、遥视功能,实现信息在线监测和可视化监控。

(3) 变电所门禁系统具备远程集中监控、无人值守、有人巡视等功能。

(二) 中级

构建"智能分析+快速隔离+有人巡视"的供配电模式。

(1) 供配电系统具备电子挂牌、在线电能质量分析、数据采集、运行监控、峰谷电能计量和能耗统计等功能。

(2) 车间变电所具备防越级跳闸、自动故障定位、故障快速隔离等功能。

(3) 高压架空线具备有人巡视功能,并配合无人机实现远程巡视。

(三) 高级

构建"智能调度+智能预警+云巡视"的供配电模式。

(1) 供配电系统具备智能调度功能,实现对配电网态势进行感知,对系统运行状态趋势进行分析及预测。

(2) 变电所具备智能预警、自动防灭火等功能,实现远程实时集中监控。

(3) 高压架空线、主变电所、车间变电所等关键部位实现云巡视。

三、道路维护

(一) 初级

构建"集中调度+可视化监控"的作业模式。

(1) 维护设备实现远程集中调度管理,道路沿线实现粉尘浓度监测。

(2) 平地机实现铲刀作业状态监测与可视化监控。

(3) 洒水车实现喷洒宽度可控、作业状态监测。

(二) 中级

构建"远程操控+自动监测"的作业模式。

(1) 运输设备实现路面平整度自动监测。

(2) 平地机具备工况全景感知和展现功能，实现行走、作业可视化远程操控。

(3) 洒水车实现根据粉尘监测数据自动洒水降尘，提高用水效率。

(三) 高级

构建“多机协同＋智能决策”的作业模式。

(1) 维护设备具有自动感知、传输、决策、执行全过程控制系统，具备智能决策及调度功能。

(2) 平地机具备障碍物自动清理、平整路面、无人驾驶等功能。

(3) 洒水车具备喷洒范围智能调整功能，实现精准喷洒。

第四部分

选　煤　厂

第一章　初　　级

构建“固定岗位无人值守＋远程监测＋有人巡视”智能选煤模式。

(1) 生产工艺系统:设备集控全覆盖,实现远程控制下的生产系统自动调控,保障系统连续稳定运行。

(2) 生产辅助系统:实现供风及供排水等辅助环节无人值守,实现智能采制化,实现智能停送电管理。

(3) 生产保障系统:利用监控及感知技术,实现环境因素、人员行为、设备状态实时监测及异常报警。

(4) 建设远程监控和在线监测中心,具备主要生产区域、重要岗位及重点部位设备状态在线集中监测、洗选数据在线监测等功能。

第二章 中　　级

构建“少人干预＋云巡视”智能选煤模式。

(1) 生产工艺系统:重介分选环节实现根据产品质量反馈的闭环控制;煤泥水处理环节实现加药、浓缩、脱水等闭环控制;储装运环节实现自动配仓。

(2) 生产辅助系统:建立智能照明及人员定位系统;建立水、电、药剂、介质等自动计量系统;把机器人技术应用在长距离栈桥等生产区域。

(3) 生产保障系统:建设设备状态监测及设备点检系统;建设高低压综保系统;实现故障分析及报警信息分级、分权限、多终端推送。

(4) 建设生产过程智能控制系统、人员及设备状态监测系统,具备生产系统闭环控制、人员及设备状态实时监测等功能。

第三章　高　　级

构建“无人干预＋自主运行”智能选煤模式。

（1）生产工艺系统：重介、浮选、粗煤泥、跳汰等分选环节实现根据产品质量反馈及煤质特征的闭环控制；储装运环节实现智能装车及智能配煤。

（2）生产辅助系统：将机器人技术应用在多层厂房等复杂巡检环境，以及在捡矸、除杂、配电室等职业健康和安全高风险场景中代替人工操作。

（3）生产保障系统：利用人工智能及先进监测、检测技术，实现溜槽堵塞、胶带撕裂、离心机筛网破损等异常工况监测及生产事故预警。

（4）建成智能感知、智能决策、自动执行的智能化分析决策体系，具备 AI 驱动、协同控制、仿真模拟等功能。

附　　录

附录一　配置建议表

表1　智能一体化管控平台配置建议表

序号	系统	分项	配置建议	功能配置（注：●配置 ○选配 —无）		
				初级	中级	高级
1	生产执行系统	平台底座	具备统一身份管理及认证服务、煤炭生产主数据管理、统建系统统一接口等功能	●	●	●
		生产运营	具备生产运营集中监测、生产联动分析和大屏可视化等功能	○	○	●
		生产接续	具备生产接续计划、设备配套计划的图形化管理功能	●	●	●
		生产管理	具备地质资源管理、生产计划管理（矿务工程计划、搬家倒面计划、防治水计划和月生产作业计划等）、生产作业管理（掘进作业、回采作业和产量进尺测量等工作）、地质防治水管理、搬家倒面管理、矿务工程管理、地勘工程管理、矿图管理、技术管理、证照管理等功能	●	●	●
		调度管理	具备煤炭生产、外购煤、洗选和装车外运等业务的计划管理功能；具备生产、洗选、装车作业等完成情况的管理功能；具备供电、供水等生产辅助管理功能；具备日报、月报和调度相关统计报表功能	○	●	●
		机电管理	具备设备台账管理、检修计划管理、点巡检管理、检测检验管理、缺陷故障管理、设备运行监测、业务联络单管理、整改通知单管理等功能	●	●	●
		“一通三防”	具备矿井通风管理、瓦斯防治管理、防灭火管理、粉尘防治管理、安全监测设备管理等功能	●	●	●
		应急管理	具备信息接报、信息汇聚、研判分析、协调指挥、应急恢复、信息发布、应急值守、应急资源配置、应急预案制订、应急演练、案例管理、舆情监测、应急评估等功能	○	●	●

表 1(续)

序号	系统	分项	配置建议	功能配置(注:●配置 ○选配 —无)		
				初级	中级	高级
1	生产执行系统	安全管理	具备危险源基础信息管理、危险源管控、检查工单管理、检查问题汇总、一般隐患管理、重大隐患管理、隐患排查台账管理、行为安全管理、风险评估与危险源管理、考核评价、安全综合管理等功能	●	●	●
		环保管理	具备在线监测、数据采集、达标排放、监测报表生成、生态监测、隐患管理等功能	●	●	●
		煤质管理	具备自采煤计划管理、外购煤计划管理、仪器设备管理、煤质检验化验管理、煤质监管、统计分析、综合管理、煤质预测等功能	●	●	●
		岗位标准作业流程管理	具备岗位标准作业流程编、审、发、学、用、评全过程信息化管理和支撑流程的管理与应用等功能	●	●	●
		班组管理	具备安全生产、降本增效、考核评价、学习培训、民主创新、现场管理、班组运营等功能	○	●	●
		生产大数据分析	基于大数据分析,通过研究实现算法模型,实现生产过程优化、设备预知性维护、成本精益分析、运营态势预测、风险实时预警、经营决策优化、绩效动态评估等	—	○	●
		智能运输安全生产监控	适用露天煤矿。具备生产过程中车辆实时监控、车铲智能调度、不安全行为报警与视频查看、车辆违规报警、报表统计等功能。车载安全系统还包括驾驶员行为分析系统、360°全景监控、防碰撞系统、盲区监测等	○	●	●
2	生产集中控制系统	集中监测	全面实现煤矿主要生产环节设备的数据采集,实时显示设备的运行参数、工作状况以及报警信息,同时要求显示画面为矢量画面,可以无极缩放展示	●	●	●
		远程控制	实现煤矿主要生产环节设备的启、停以及运行闭锁、故障解除等远程控制,并可对设备参数进行远程调整	●	●	●

表 1(续)

序号	系统	分项	配置建议	功能配置(注:●配置 ○选配 —无)		
				初级	中级	高级
2	生产集中控制系统	视频监控	将生产视频信息接入生产集中控制系统,远程访问视频信息,可直接通过生产集中控制系统监控摄像头视频信息	●	●	●
		分级报警	实现分级、分类报警,并支持历史报警的查询,通过报警信息可直接切换到该报警对应的工艺画面	●	●	●
		主题展现	能够根据生产、安全、工作面以及运转等方面进行主题展现,以合理的形式使各个生产系统、关键安全信息、工作面设备信息以及主运输信息直观展现	○	●	●
		智能感知	结合煤矿云计算数据中心、AI 以及机器人应用,准确判断环境、设备、人员工作状态,并支持对感知数据质量的监测	—	—	●
		智能联动	具有联动配置功能,根据系统实际进行相应的配置,实现子系统之间的信息与控制联动	—	●	●
		智能预警	能够对生产系统设备健康情况进行实时分级评估,同时具备以预警为事件驱动、以报警联动为系统,变被动监控为主动监控的功能	—	○	●
		智能诊断及维修建议	结合煤矿云计算数据中心,能够准确判断设备故障原因,并提供诊断报告。根据智能诊断结果提供辅助维修建议,通过维修人员的修正、不断补充和完善知识库,使得系统具备持续优化的能力	—	—	●
		AI 应用	具有 AI 识别与分析能力,提供智能识别、过程分析和故障预警等 AI 服务	—	●	●
		机器人应用	具有接入各类巡检设备的能力,实现机器人的远程集中监控与管理	—	○	●
		接口与协议	提供标准协议的数据采集、控制接口程序,如 OPC、MQTT、Modbus 协议等,并对采集接口进行管理,将底层设备数据采用集团统一 EIP 标准协议接入到煤矿生产控制系统中	●	●	●

表1(续)

序号	系统	分项		配置建议	功能配置(注:●配置 ○选配 —无)		
					初级	中级	高级
3	安全集中监测系统	安全监控	实时监测及报警	具备对甲烷浓度、一氧化碳浓度、二氧化碳浓度、氧气浓度、粉尘浓度、风速、风压、温度、烟雾、断电状态、馈电状态、风门状态、风筒状态、风窗状态、局部通风机状态、主要通风机状态等综合监测能力	●	●	●
			硫化氢监测	具备对硫化氢浓度局部监测能力	—	○	○
			智能断电	能够根据瓦斯监测数据进行瓦斯超限区域智能断电	—	○	●
			瓦斯积聚预警	根据瓦斯监测数据对瓦斯积聚区进行智能预测、预警	—	○	●
			GIS融合	具备与GIS技术融合的能力,相应的监测设备(传感器、分站)坐标系应与本矿井地测所采用坐标系保持一致	●	●	●
			融合联动	具备与人员定位、应急广播、通信等系统应急联动的能力	●	●	●
		智能化功能	实时集中监测	实现安全监控、人员定位、矿尘、顶板、水、火等监测信息的集中监测、报警	●	●	●
			分级报警	具备根据监测阈值、报警区域范围、报警持续时长等条件分级报警能力;具备区分伪数据及异常数据能力	●	●	●
			数据服务	通过智能一体化数据服务实现与上下级业务平台进行数据交互,将分析出的风量、风速,与通风系统实现数据交换	○	●	●
			安全管理预判	具备大数据分析能力,实现报警、故障、异常的统计汇总、归类总结,识别异常产生的多发因素、环节。为安全风险分级管控和隐患排查预防提供相应决策参考信息	—	●	●
			标准化数据接口	监测感知系统应按照煤矿云计算数据中心的统一数据标准进行接入接口建设	—	●	●
			智能预警模型	实现多种灾害互联互通互监、智能预警,根据报警源、报警类型,对其辐射范围、报警发展趋势进行判识	—	—	●

表1(续)

序号	系统	分项		配置建议	功能配置（注：●配置 ○选配 —无）		
					初级	中级	高级
3	安全集中监测系统	智能化功能	三维可视化	建立包括采空区、异常区、断层、保护煤柱等三维空间模型、三维透明地质空间模型、融合GIS的预警生态系统，具备三维可视化展示能力	—	—	●
			区域安全态势分析	具备针对矿井环境参数实时监测信息、重点区域安全实时评估及预警与人员单兵装备进行实时互联的功能	—	—	●
			超前预报	建立智能预警分析模型，构建精准预警系统，结合实时监测，并具备报警预测、超前预报能力	—	—	●
			业务决策分析	针对开采条件、地质环境不同的矿井，汇聚各种突发问题处置方案，形成相应的专家库，应对突发问题的处置。专家库在矿区煤矿云计算数据中心不断完善、维护和更新，同步至安全集中监测系统，支持矿端决策	—	—	●
		人员定位	位置监测	以精确定位方式监测井下人员（车辆）的位置、滞留时间、个人或车辆信息且定位误差应与人员定位系统一致，并满足国家、行业的相应标准	●	●	●
			控制指令	具备下发指定区域内定位卡或具体定位卡进行响应（报警、闪烁）指令的能力	●	●	●
			GIS融合	具备与GIS技术融合能力，人员定位的坐标系应与本矿井地测所采用坐标系保持一致	●	●	●
			融合联动	具备与安全监控、应急广播、通信等系统应急联动的能力	●	●	●
			生命体征监测	具备人员生命体征监测的相关设备接入或融合能力，系统具备对人员生命体征（人员体温、心率、血压）进行实时监测能力	—	○	●
			工作面设备定位	具备对工作面相关设备（如采煤机、掘进机等）配备定位卡的能力	—	○	●
			安全闭锁联动	具备识别人员接近运行设备后，向控制平台发送相应进行安全闭锁请求指令的能力	—	—	●

表 1(续)

序号	系统	分项			配置建议	功能配置(注:●配置 ○选配 —无) 初级	中级	高级
3	安全集中监测系统	应急广播	广播通知		具备发布正常广播通知,灾变时期的紧急通知、避灾信息、人员和设备的撤离信息等能力	●	●	●
			线路终端监测		具备监测广播线路和广播终端的工作状态和故障的能力	—	○	●
			融合联动		具备与安全监控、人员定位、通信等系统应急联动的能力	●	●	●
		通信平台	电话广播互联		具备音视频通信及视频会议的能力,具备与应急广播、扩播电话等广播系统互联互通的能力	—	○	●
			融合联动		具备与安全监控、人员定位、应急广播等系统应急联动的能力	—	○	●
		防治水	水文监测	超前探测	水文地质条件应进行超前探测,探测距离、速度、精度满足智能化掘进要求	—	○	●
				水质分析	具备对各水源涌水点水质进行监测,并记录分析其化学成分、物理属性和同位素的能力	—	○	●
				探测定位	具备监测裂隙、毛细低速流体流动状态,对导水通道进行探测和空间定位能力	—	○	●
				实时监测	具备降雨量、观测孔、抽水实验、突水点、涌水量、排水量的实时监测和数据处理能力	●	●	●
			矿井水安全监测	水库监测	具备对矿井水库水位、水压、水流量的监测能力	●	●	●
				环境监测	具备对水库的矿震、水质、视频的监测能力	—	●	●
		矿尘监测	防尘监测与预警		采煤工作面、掘进工作面具备粉尘浓度自动监测装置,实现对粉尘浓度的实时监测、数据分析、上传及超限自动报警,矿井粉尘易超限区域设有智能喷雾装置,具有基于煤尘监测数据的智能降尘功能,且实现远程集中控制	●	●	●

表 1(续)

序号	系统	分项			配置建议	功能配置（注：●配置 ○选配 —无）		
						初级	中级	高级
3	安全集中监测系统	顶板压力监测	矿压监测	支架监测	具备实时监测工作面支架各柱的工作阻力、立柱伸缩量、超前支撑压力的能力，能够分析初撑力、末阻力、推进度和来压步距	●	●	●
				预警预报	具备通过监测地音、顶板位移、位移速度、位移加速度、红外发射、电磁发射等监测数据，进行矿山压力预测预报和工作面顶板危险程度预警分析能力	—	○	●
			地应力监测	预警预报	具备实时监测工作面和巷道周围的煤体、岩体应力及其变化趋势的能力，并诊断和预报发生冲击地压的危险区域和危险程度，具备冲击地压危险区和危险程度的实时监测预警和预报能力	—	○	●
				微震地音监测	具备在线监测巷道顶板离层、锚杆锚索受力、工字钢和U型钢等支架受力、巷道变形、电磁发射、微震、地音的能力	—	○	●
			井筒安全监测	实时监测	具备实时监测立井和斜井的井臂和围岩应力、应变、温度、裂隙、渗流及其变化趋势的能力	●	●	●
				预警预报	具备诊断和预报发生变形、突水、透水、冒顶、底鼓等的危险区域和危险程度的能力	—	○	●
		冲击地压	快速滤波		具备各检波器形文件的快速滤波能力，只保留微震信息和爆破信息；具备实时计算出各检波器微震和爆破波形的初到时间、持续时间和平均震动速度的能力	—	○	●
			辐射源定位		具备各电磁辐射监测子系统精确计算各时间段的平均频率、幅值以及辐射源的方位和深度的能力，且自定位误差不超过5 m	—	○	●
			地压监测		具有基于微震监测、地音监测等技术的冲击地压监测、预测与预警系统，对冲击危险区域进行实时监测	—	○	●
			预测预警		具有冲击地压数据分析与评价功能，实现冲击地压监测数据的智能分析与预测预警	—	○	●
			预测准确率		冲击地压预测、预警准确率超过80%，近三年没有发生过冲击地压造成的人员伤亡事故	—	○	●

表 1(续)

序号	系统	分项			配置建议	功能配置(注:●配置 ○选配 —无)		
						初级	中级	高级
3	安全集中监测系统	防灭火	带式输送机防灭火	实时监测	具备对带式输送机沿线环境(重点监测带式输送机滚筒、托辊)温度进行实时监测的能力	●	●	●
				故障定位	具备对带式输送机火灾的预警,且对故障点进行精确定位,并停止带式输送机运转的能力	○	●	●
				淋水指令下发	具备向业务系统发送火灾区域或预警火灾区域洒水灭火指令的能力	●	●	●
			电缆火灾监测	温度实时监测	具备对井下电力电缆及沿线、缆沟内的温度进行实时监测的能力	●	●	●
				负载发热监测	具备实时监测电缆线路的运行状态,有效监测电缆在不同负载下发热状态的能力	●	●	●
				故障定位	具备对电缆故障的预警和对故障点精确定位的能力	—	○	●
			火灾监测	煤体监测	具备对煤体的温度、可燃基挥发分、可燃基氧含量、可燃基碳含量、煤样水分、煤体的自燃温度、漏风风流温度、煤表面活化能、煤表面氧气的气体常数监测的能力	—	○	●
				风流监测	具备对风流的一氧化碳浓度、二氧化碳浓度、温度、烟雾、氧气浓度、壁温监测的能力	—	○	●
				火区监测	具备对火区的温度、甲烷浓度、一氧化碳浓度、二氧化碳浓度、氢气浓度、氧气浓度、氮气浓度、乙炔浓度、乙烯浓度、丙烯浓度、乙烷浓度、丙烷浓度、丁烷浓度及围岩温度监测的能力	—	●	●
				矸石山监测	具备对矸石山或硫化矿的一氧化碳浓度、二氧化碳浓度、温度、烟雾、二氧化硫浓度、硫化氢浓度监测的能力	—	●	●

表 1(续)

序号	系统	分项			配置建议	功能配置（注：●配置 ○选配 —无）		
						初级	中级	高级
3	安全集中监测系统	防灭火	束管火灾监测	采空区监测（基本）	具备对采煤工作面上隅角采空区或其他有可能发生自然发火地点进行监测，分析气体中的一氧化碳、甲烷、二氧化碳、氧气、氢气相关成分的能力	●	●	●
				采空区监测（升级）	具备对采煤工作面上隅角采空区或其他有可能发生自然发火地点进行监测，分析气体中的乙烯、乙炔、乙烷、氮气相关成分的能力	○	●	●
				自燃气体分析	具备对井下自燃火灾标志气体的确定和分析，及时预测预报发火点的温度变化的能力	—	○	●
			采空区密闭内外压差监测	采空区监测	具备对井下密闭内环境的一氧化碳浓度、二氧化碳浓度、氧气浓度、瓦斯浓度、漏风量、密闭内外压差实时监测的能力	—	●	●
				报警预警	具备根据设定的报警值进行预警的能力	—	●	●
				远程监测	具备对井下采空区密闭的远程监测和预警的能力	—	○	●

表2　煤矿云计算数据中心配置建议表

项目	分项	配置建议	功能配置(注:●配置 ○选配 —无)		
			初级	中级	高级
煤矿数据中心(厂矿)	机房等级	达到C级及以上要求	●	●	●
	计算资源	满足厂矿智能化建设各系统的正常运行	●	●	●
		实现计算资源虚拟化管理	○	○	●
		实现关键系统的高可用性设计	●	●	●
	存储资源	满足智能化建设子系统、数据中心的数据存储容量需求	●	●	●
	数据采集	具有多源异构数据采集能力,满足厂矿现场监控监测系统、智能仪器仪表数据采集接入	○	●	●
	数据存储	具备实时数据存储能力,且满足不小于1 a的数据存储周期	○	●	●
		具备关系型业务数据存储能力	●	●	●
		具备非结构化数据存储能力	—	○	●
	数据访问	具备视频监控类、环境感知类、设备控制类进行标准化接入和访问的能力	—	○	●
	数据标准	数据中心数据遵循集团主数据标准、测点命名规范	—	○	●
	数据上传	建立符合集团安全防护要求的数据上传集团通道	—	○	●
		数据标准化后上传至集团煤矿云计算数据中心	—	○	●
		提供统一的数据汇聚上传集团煤矿云计算数据中心的接口	—	○	●
	云边协同	具备与集团煤矿云计算数据中心的智能协同能力	—	○	●
煤矿云计算数据中心(集团)	数据采集	具备接收集团全部煤矿上传数据的采集汇聚能力	●	●	●
	数据存储	具备存储集团煤矿上传数据的能力,并满足不小于2 a的数据存储周期	●	●	●
	数据计算	具备批流一体数据计算能力	●	●	●
	数据服务	具备可控数据访问能力	●	●	●
	数据管理	具备整体运行状况监控能力	●	●	●
		具有日常数据维护管理的工具	●	●	●
	人工智能	具备机器学习等人工智能分析功能,实现云边协同	—	○	●
	云边协同	具备与煤矿云计算数据中心的智能协同能力	—	○	●

注:煤矿数据中心由厂矿建设;煤矿云计算数据中心依托集团数据湖统一建设,进度由集团统一把控,不作为煤矿考核要求。

表 3　通信网络配置建议表

项目	分项	配置建议	功能配置 (注:●配置 ○选配 —无)		
			初级	中级	高级
通信网络	办公有线网络	10 GB 核心:冗余电源、冗余风扇。千兆汇聚:冗余电源;千兆上联百兆接入	●	—	—
		10 GB 核心:虚拟化集群、冗余电源、冗余主控板卡。10 GB 汇聚,万兆上联:冗余电源、冗余风扇。10 GB 上联千兆接入:冗余电源。网络准入认证系统	—	●	—
		10 GB/40 GB/100 GB 核心:虚拟化集群、冗余电源、冗余主控板卡。10 GB/40 GB 汇聚:虚拟化集群、冗余电源、冗余主控板卡。万兆上联千兆接入:冗余电源。网络准入认证系统、智能运维、网络分析	—	—	●
	安防视频专网	万兆核心:支持虚拟化集群、冗余电源。万兆上联千兆接入:冗余电源	○	○	●
	无线办公网络	千兆+POE Wi-Fi 802.11n。SSID 加密认证	○	—	—
		万兆+POE Wi-Fi 802.11ac。网络准入认证系统:802.1X 认证、Portal 认证等	—	●	—
		万兆+POE Wi-Fi 802.11ax。网络准入认证系统:802.1X 认证、Portal 认证等。实现智能运行和维护、网络分析	—	—	●
	工控以太环网	千兆工业以太环网+RS485,愈合时间≤50 ms	●	—	—
		万兆骨干环网+千兆接入+RS485,愈合时间≤50 ms	—	●	—
		万兆骨干+万兆接入+RS485,愈合时间≤50 ms;建议核心交换机万兆接口≥6 个	—	—	●
		独立组网	○	●	●
	安全监控专网	千兆骨干环网+RS485、独立组网	●	●	●
	工业视频专网	万兆视频专网:万兆核心+万兆上联+千兆接入	○	●	●
		独立组网	—	●	●
	无线控制专网	4G:核心网、BBU、RRU,局域覆盖	○	—	—
		4G 全覆盖:核心网、BBU、RRU	—	●	—
		4G/5G 覆盖,建议 4G+5G 方式、4G 全覆盖、5G 局域覆盖;也可 5G 专网覆盖,井工煤矿需具备语音通话功能	—	—	●
		UWB/ZigBee/Wi-Fi:根据数据接入需要建设	○	○	○

表3(续)

项目	分项	配置建议	功能配置 (注:●配置 ○选配 —无)		
			初级	中级	高级
通信网络	有线调度通信	有线调度系统:强插、强拆、监听、直通、录音回放、录音查询等煤矿安全要求,支持无线对接、出局对接	●	●	●
	应急广播	广播服务器、话筒、广播基站以太网传输、支持调度通信对接	●	●	●
	无线调度通信	4G/5G无线网络:核心网、通信基站、移动电话机、VoLTE/VoNR语音、支持运营商语音对接,支持有线、无线融合调度	○	●	●

表 4　网络安全配置建议表

项目	分项	配置建议	功能配置（注：●配置 ○选配 —无）		
			初级	中级	高级
网络安全防护	工业防火墙	具备扫描网络数据流量、阻截网络攻击的能力，可以通过网络安全策略配置，对网络通信进行管控，同时可以对各类事件进行记录形成日志	●	●	●
	工业安全隔离装置	具备纯物理隔离下进行数据摆渡转发能力，支持OPC、Modbus、S7、DNP3、IEC104、IEC61850、MMS和用户自定义等各类工业协议，支持文件交换、视频交换、数据库代理、数据库同步、组播代理等功能	●	●	●
	堡垒机	具备拦截非法访问和恶意攻击的能力，可以对不合法命令进行阻断、过滤掉所有对目标设备的非法访问行为。支持组定义类型（用户、资源、综合）以便于模块显示，支持以组节点进行批量导入导出	●	●	●
	工业入侵检测系统	具备实时监测工控网络的状态、检测工控网络中入侵行为的能力，能根据用户定义的策略，追踪工控网络安全事件。支持对主流工控网络协议（Modbus/TCP、OPC、S7、IEC104、IEC103、FINS 等）全面深层次的解析	●	●	●
	日志审计	具备实时采集安全设备、网络设备、主机、操作系统以及各种应用系统产生的日志、事件、报警等信息的能力，并将数据信息汇集到展示平台，进行集中存储、展现、查询和审计。支持异步查询和细粒度的查询，查询记录提供 Excel、CSV、TXT 文件导出方式	●	●	●
	统一安全管理平台	具备网络安全集中管理、资产管理、性能监控、日志集中管理等功能，可以对性能数据和日志数据进行统一的告警分析	●	●	●
	流量监测审计系统	具备完整记录原始全流量数据，并完成追踪线索、回溯分析与数据挖掘的能力，可以对异常行为进行检测和攻击阻断	●	●	●
	数据备份系统	具备数据智能自动备份，从数据透明备份、文件版本管理到数据恢复的全方位数据备份安全管理能力	●	●	●
	主机加固软件	具备白名单管控、病毒拦截、资产自动发现、主机安全加固和集中配置管理等功能	●	●	●
	态势感知系统	具备流量还原、威胁检测和基于 IPv6 及 SRv6 的网络流量日志上报功能	○	●	●

表4(续)

项目	分项	配置建议	功能配置(注:●配置 ○选配 —无)		
			初级	中级	高级
网络安全防护	威胁情报平台	具备采集来自内部和外部的结构化和非结构化数据的能力,以提供充分的数据池进行查询,可以实时地将各种不同的海量数据转化为切实可行的分析情报	○	●	●
	服务器防病毒软件	具备全网服务器安全态势监控、漏洞修复、病毒木马查杀与隔离、黑白名单、硬件准入、软件准入等能力	●	●	●
	数据库防火墙	具备实时监测攻击者对数据库进行的SQL注入和缓冲区溢出攻击的能力,可以报警或者阻止攻击行为,同时详细审计攻击操作发生的时间、来源IP、登录数据库的用户名、攻击代码等详细信息	○	●	●
	数据加密系统	具备对数据库中的敏感数据加密存储、访问控制增强、应用访问安全、安全审计等功能	—	○	●
	数据脱敏系统	具备对工控敏感信息通过脱敏规则进行数据变形,实现敏感隐私数据可靠保护的能力	—	○	●
	数据库审计系统	具备分析、过滤和解析记录用户访问数据库所做的所有操作以及返回结果的功能,并可以形成审计日志	—	○	●
	数据防泄露系统	具备核心数据加密存储、批量数据泄露的网络拦截和敏感数据匿名化外发监测等能力	—	○	●
	数据安全统一管理平台	具备存储系统运行的相关数据、处理在线认证、配置系统相关参数及根据安全策略对主机进行安全保护的能力	—	○	●
	主机漏洞扫描系统	具备全面发现网络资产、快速应对突发安全事件、精准定位漏洞风险位置、发现隐患资产安全态势的能力	○	●	●
	网络安全运维服务	具备全年常态化网络安全运维能力,定期进行资产梳理、漏洞扫描、应急响应、安全监控和安全配置核查等网络安全服务	●	●	●
	网络安全技术支持服务	具备网络安全攻防技术能力,定期开展渗透测试、风险评估等网络安全服务	○	●	●

表 5　井工煤矿透明地质系统配置建议表

系统	分项		配置建议	功能配置（注：●配置 ○选配 —无）		
				初级	中级	高级
透明地质保障系统	勘探技术与装备	常规探测技术与装备	开采初期进行采区综合探测，利用井下槽波、音频电透视、瞬变电磁等技术对采掘工作面进行探测，探测成果用于初始三维地质建模	●	●	●
		动态探测技术与装备	利用随采、随掘探测技术实现对采掘工作面实时动态探测，实现更精细的地质构造异常区、富水异常区的超前精准探测；将探测成果解译后应用于三维地质模型实现其动态更新。此外，勘探装备应具有数据自动采集、上传、存储与分析等功能	—	●	●
		监测预警技术与装备	在随采随探、随掘随探等智能探测技术基础上，采用水文、微震、电阻率等监测技术，结合瓦斯、火区等在线监测系统，为地质构造、富水异常区等隐蔽致灾地质因素的地质预测预报提供数据基础	—	●	●
	软件功能与数字化工程	历史资料数字化	设计数据规范，收集矿井已有的地质调查、钻探、三维地震、物探、化探、抽水试验、采样测试、测量变形、位移、地表沉陷和岩移观测等数据，按数据规范要求对各阶段勘探成果数据进行统一入库管理，建立地质勘查、观测资料数据库；重新数字化各种与地质、测量、水文、储量有关的柱状图、平面图、剖面图、素描图、物探成果解析图等并配置属性，通过对分析、对比、校验、补探、补测等数据进行入库，并由库二次分析校对和再成图，得到完善的、准确的、可再利用的包括煤岩层、地质构造、灾害防治、井巷工程、采空区、帷幕等矿井地测历史资料和图库关联的数字化空间信息库系统	●	●	●
		多源数据融合	对钻探、物探、地质测试、地质监测、生产地质等多源异构数据进行整合、分析、冲洗、补齐等数据治理，通过多参数进行交互标定、验证、反演等融合处理，具备动态解释、融合标定、交叉验证等功能，从而提高煤岩层、断层、陷落柱等解释精度，丰富数据属性信息	●	●	●

表5(续)

系统	分项		配置建议	功能配置(注:●配置 ○选配 —无)		
				初级	中级	高级
透明地质保障系统	软件功能与数字化工程	动态数据适时更新	利用现代测量和探测手段,或由人工适时获取采煤工作面、掘进工作面的当前位置、几何参数、煤层和围岩参数以及富水区、地质构造、瓦斯聚集区、应力集中区、发火区的超前勘探资料等,适时动态填库和填图,保持数字化空间信息库的持续更新	●	●	●
		构造几何建模及模型剖切	综合利用钻探、物探、化探、遥感,以及空探、地探、巷探和采掘揭露数据的优缺点,使用专门面向煤田地质特点的三维地质建模软件构建高精度的三维或者四维地质几何模型,实现地质模型任意剖切及剖面图件的输出	●	●	●
		瓦斯地质建模	瓦斯地质建模在考虑到煤层瓦斯赋存区分布(包括连续分布型、构造依附型等各种瓦斯运移形式)的基础上,通过监测瓦斯涌出初速度、瓦斯释放量(包括掘进面、采煤工作面、巷道煤壁、瓦斯抽采、运输过程等)、收集和记录吸附性试验数据,建立瓦斯地质数据库,通过瓦斯地质数据库较准确地、动态地预测煤层中瓦斯压力和瓦斯含量分布,结合地质模型和开采破坏规律,建立透明瓦斯地质模型,可为采掘过程中的瓦斯涌出量预测、瓦斯突出的精准预警和瓦斯抽采设计提供科学依据	—	●	●
		水文地质建模	利用各种探测数据,建立与水文有关的地质模型和采动空间三维模型;建立水文地质静态数据库,该数据库包括钻探的简易水文资料、各种电法和磁法的物探资料、抽水试验资料和水质化验等成果;建立包括降雨量、观测井(孔)水位、涌水量等在内的水文监测动态数据库;搭建时空水文辨识、预测、预报和预警信息管控平台,实现各含(隔)水层、富水区的空间关系、产状、赋存状态(潜水、承压)、水位水压的可视化,实现导水通道、注浆通道的动态识别和可视化	—	●	●

表 5(续)

系统	分项		配置建议	功能配置 (注:●配置 ○选配 —无)		
				初级	中级	高级
透明地质保障系统	软件功能与数字化工程	火区地质建模	综合分析地层、煤层自然发火特性、漏风供氧、采空区气体及温度、围岩温度等基础数据,基于火区发展演化过程中涉及的煤氧复合化学场、由反应放热升温的温度场、因热应力使煤岩体变形的应力场以及通过裂隙对流的渗流场,即热—流—固—化耦合作用机理及其表征参数,根据火区传热传质及燃烧特性,确立不同阶段的燃烧反应速率,实现火区地质建模	—	●	●
		主要灾害监测数据接入	基于统一数据存储管理系统,将水文监测数据(含水层及采空区水位、水温、水压、管道流量监测、水质监测、视频监测、电阻率监测等)、瓦斯监测数据(瓦斯浓度、分布规律)、火区监测数据等数据信息接入系统,与三维模型进行同步映射显示,以图和表的形式对数据进行融合分析和展示,从而构建动态多属性地质模型,并通过设置综合预警阈值组合,实现多系统的联动预警	—	●	●
		三维储量动态管理	应具备数据库管理、储量计算、储量开采与损失计算、二维和三维可视化、报表输出、数据查询等功能,实现煤矿开采过程中煤炭储量的动态管理	—	●	●
		综合地质模型和地质隐蔽属性透明表达	综合上述技术成果,动态建立精准的四维(空间+时间)地质几何体模型,实现包括地质体的各种物理和化学参数(包括煤质参数、力学参数、瓦斯参数、水文参数)的可视化,并让这些地质属性随时依附到地质几何模型的每个空间坐标点,通过四面体网格剖分和等值面圈定,进一步利用点渲染、面渲染和体渲染技术进行多层次、多形式的着色和渲染,建立完整的、全息的透明地质体,并可进行各种剖切、透视等可视化操作,为精准预警奠定信息基础	—	—	●
		地质预测预报	具备专业化多源监测数据实体空间与数字模型的同步映射、灾害推演、联动分析和预警功能,基于地质透明化,在高精度三维模型的基础上,采用专家系统和智能学习技术,构建地质预测预报信息化模型,与矿井通信系统联动,传输实时状况信息	—	—	●

表 6　井工煤矿智能采煤工作面配置建议表

序号	设备	分项			配置建议	功能配置 (注:●配置 ○选配 —无)		
						初级	中级	高级
1	采煤机	硬件	传感器	机身倾角	机身倾角传感器分辨率不大于0.1°,滚筒高度测量精度为±50 mm,滚筒控制精度为±100 mm	●	●	●
				摇臂摆角		●	●	●
				位置检测/编码器	300 m工作面,采煤机位置检测精度为±100 mm,里程计精度≥4 cm/100 m	●	●	●
			自动拖缆装置		自适应采煤机运行方向、运行速度与采煤机同步,自动拖缆装置具备链条自动张紧装置,具有转矩控制和速度控制两种模式。自动拖缆装置具备防电缆拉脱保护装置,中厚煤层不作为考核项	—	○	●
			惯性导航系统		实现采煤机行走轨迹检测,生成刮板输送机弯曲曲线,检测精度≤±10 cm/300 m,工作面直线度控制精度≤±50 cm/300 m	—	○	●
			在线监测系统		可实时监测设备状态,能够及时发现设备存在的隐患,提前预防性检修处理,减少故障影响时间,提高设备开机率	●	●	●
			集中润滑系统		实现单点精确计量供油;故障点位精准判断并显示;可通过显示器修改润滑点的给油量、给油时间;可通过网络上传到上位机并对润滑系统进行监控管理	○	●	●
		软件	就地控制		遥控器控制,遥控器信号中断保护,位置和延时参数可设	●	●	●
			远程控制		采煤机具有远程参数整定、程序修改、控制功能,时延不超过 100 ms;采煤机具备接收其他设备数据的功能,作为采煤机控制参数的依据	○	●	●
			记忆割煤		采煤机通过示范刀可以自动生成向机头、机头斜切进刀、机头返刀、向机尾、机尾斜切进刀、机尾返刀等 6 个标准工艺段;采煤机具有人工干预(记忆)、人工干预(不记忆)两种模式	●	●	●

表 6(续)

序号	设备	分项			配置建议	功能配置(注:●配置 ○选配 —无)		
						初级	中级	高级
1	采煤机	软件	预测割煤		分析历史截割数据,识别煤层变化规律,预测下一刀的截割轨迹;先预测、后截割,自学习后再预测、再截割,循环往复	—	●	—
			自主割煤		通过对比工作面精确三维地质模型和实测模型,在综合分析煤层变化趋势、工作面平直度、当前割顶底情况、采煤机运行等大数据基础上,通过优化算法制定未来 10 刀的割煤策略,给出采煤机下一刀滚筒调整曲线,指导采煤机割煤	—	—	●
			数据上传		实现牵引电机电流、截割电机电流、行走参数、牵引电机油温及轴承温度等数据传输	●	●	●
			接口与协议		① 具有 Wi-Fi、以太网接口,具体技术要求参见《国家能源集团矿山机电设备通信接口和协议规范(EIP 标准)》。 ② 具备数据报表生成功能,应自动生成自动化率、人工干预率及其他相关运行数据报表,能区分出就地干预和远程干预状态。 ③ 可选配有线传输,采用电力载波或点导线/光纤通信。 ④ 可选配 5G 通信	○	●	●
2	液压支架	硬件	传感器	立柱压力	测量范围为 0～60 MPa,测试误差小于 1%,左右 2 个立柱各安装 1 个	●	●	●
				顶梁倾角	倾角传感器,可测量顶梁倾角,传感器分辨率不大于 0.1°,最小检测角度不大于 0.5°,每架各装 1 个	—	○	●
				掩护梁倾角	倾角传感器,可测量掩护梁倾角,传感器分辨率不大于 0.1°,最小检测角度不大于 0.5°,每架各装 1 个	—	○	●
				底座倾角	倾角传感器,可测量底座倾角,传感器分辨率不大于 0.1°,最小检测角度不大于 0.5°,每架各装 1 个	—	○	●
				采高	高度误差为±0.5%或±3 cm,每 5 架安装 1 个	—	○	●

表 6(续)

序号	设备	分项			配置建议	功能配置(注:●配置 ○选配 —无) 初级	中级	高级
2	液压支架	硬件	传感器	红外	有效接收距离为 0～5 m,有效接收角度为 0°～40°,每架安装1 个,或者在控制器集成	●	●	●
				推移行程	检测推移液压缸行程,检测精度为±5 mm,每架安装 1 个	●	●	●
				护帮监测	具备护板伸收状态监测功能	—	○	●
				顶底煤检测	顶底煤测量精度≤10 cm	—	—	●
			摄像仪	微型	最低照度为 1.0 lx,传输方式为 TCP/IP 协议电信号传输;传输速率为 10 Mb/s、100 Mb/s、1 000 Mb/s(自适应);水平视角≥38.5°,垂直视角≥32.6°,像素≥100 万;摄像头宜具有自清洗功能	—	○	●
				大型	最低照度(彩色)为 0.05 lx,分辨率为 1 920×1 080(200 万像素)。以太网光接口,TCP/IP 传输协议,传输速率为 10 Mb/s、100 Mb/s(自适应)。摄像头宜具有自清洗功能	—	○	●
			视频识别	智能识别	可智能识别采煤机滚筒、护帮板、煤流状态、大块煤、工作面内人员等	—	○	●
			无线基站	Wi-Fi、4G/5G	应具有 2.4 GHz 或 5.8 GHz 频段的 Wi-Fi 通信基站,传输距离为 0～100 m	○	○	○
				人员精确定位系统	人员定位系统精度不大于 500 mm	—	○	●
		软件	电液控制系统		具有本架操作支架伸收护帮、降柱、移架、升柱、推溜、闭锁等功能	●	●	●
					具有邻架及隔架操作护帮、降柱、移柱、升柱、推溜、闭锁等功能	●	●	●
			自动跟机控制		具有跟随采煤机位置自动完成收打护帮、降柱、移柱、升柱、推溜等功能	●	●	●

表 6(续)

序号	设备	分项			配置建议	功能配置(注:●配置 ○选配 —无)		
						初级	中级	高级
2	液压支架	软件	远程控制		具有远程控制护帮、降柱、移柱、升柱、推溜、闭锁等功能,远程控制响应时间不大于 200 ms	—	●	●
2	液压支架	软件	支架自动找直功能		具有通过工作面直线度数据自动分析并控制每架按照指定的推移行程进行自动移架等功能,单架控制精度为 50 mm,工作面直线度控制精度≤±50 cm/300 m	—	●	●
2	液压支架	软件	接口与协议		① 以太网接口,Ethernet IP/Modbus TCP/IP 协议,具体技术要求参见《国家能源集团矿山机电设备通信接口和协议规范(EIP 标准)》。 ② 应具有自动生成数据报表功能,可以按照选定的时间段生成自动化率、人工干预率,能区分出就地干预和远程干预	●	●	●
3	超前液压支架	电液控制系统			具有就地控制与遥控控制功能,宜有状态智能感知和自主行走功能	—	—	●
4	『三机』	硬件	传感器	温度、振动、油位、流量等	① 减速器油温:0～200 ℃,4～20 mA 电流信号。 ② 减速器油位:0～20 kPa,4～20 mA 压力传感器。 ③ 减速器输入轴温度:0～200 ℃,4～20 mA 电流信号。 ④ 减速器输出轴温度:0～200 ℃,4～20 mA 电流信号。 ⑤ 冷却水压力:0～5 MPa,4～20 mA 电流信号。 ⑥ 冷却水流量:0～60 L/min,4～20 mA 电流信号。 ⑦ 电机轴承温度:0～200 ℃,PT100 铂热电阻。 ⑧ 电机绕组温度:0～200 ℃,PT100 铂热电阻。 ⑨ 链轮(锤头)左、右轴承温度:0～200 ℃,4～20 mA 电流信号	○	○	●

表6(续)

序号	设备	分项			配置建议	功能配置(注:●配置 ○选配 —无)		
						初级	中级	高级
4	"三机"	硬件	传感器	在线监测系统	可实时监测设备状态,能够及时发现设备存在的隐患,提前预防性检修处理,减少故障影响时间,提高设备开机率	○	●	●
				煤量监测	配置煤量监测装置,实现采煤机速度自适应控制以及刮板输送机速度自适应技术	—	—	○
			集中润滑系统		实现单点精确计量供油;故障点位精准判断并显示;可通过显示器修改润滑点的给油量、给油时间;可通过网络上传到上位机并对润滑系统进行监控管理	○	●	●
			集中加油系统		设备工作时,可实现自动加油	—	○	●
			链条自动张紧装置		液压缸压力传感器为4~20 mA电流信号、0~10 V电压信号,检测范围为0~60 MPa;行程传感器为0.71~3.55 V电压信号,检测范围为0~330 mm	—	○	●
		软件	监测监控		① 具有顺序"三机"启停控制、单启停控制功能,具备电机转速参数修改控制、一键启停"三机"控制功能。 ② 具有监测"三机"电机电流、转速、绕组温度,变频器IGBT温度,变频器控制,故障显示等功能。 ③ 具有"三机"系统冷却水检测、"三机"过载保护等功能	○	●	●
			煤流自适应调速		根据运输机煤量自动调节运输机转速	—	—	●
			接口与协议		以太网接口,Ethernet IP/Modbus TCP/IP协议,具体技术要求参见《国家能源集团矿山机电设备通信接口和协议规范(EIP标准)》	●	●	●

表 6(续)

序号	设备	分项			配置建议	功能配置(注:●配置 ○选配 —无)		
						初级	中级	高级
5	泵站	硬件	传感器	油温、油位、油质、液位、温度、压力、流量等	具有以下传感器,量程如下: ① 乳化液液位传感器:4～20 mA,0～2 m。 ② 乳化油油位传感器:4～20 mA,0～2 m。 ③ 乳化液液温传感器:PT100 铂热电阻。 ④ 乳化液增压泵出口压力传感器:4～20 mA,0～400 kPa。 ⑤ 喷雾水箱液位传感器:4～20 mA,0～2 m。 ⑥ 喷雾增压泵出口压力传感器:4～20 mA,0～400 kPa。 ⑦ 乳化液系统压力传感器:4～20 mA,0～60 MPa。 ⑧ 喷雾系统压力传感器:4～20 mA,0～60 MPa。 ⑨ 泵曲轴箱油位传感器:4～20 mA。 ⑩ 泵曲轴箱油温传感器:PT100 铂热电阻。 ⑪ 泵曲轴箱油压传感器:4～20 mA,0～25 MPa	○	○	●
			在线监测系统		可实时监测设备状态,能够及时发现设备存在的隐患,提前进行预防性检修处理,减少故障影响时间,提高设备开机率	○	●	●
			监测监控		具有顺序启停、单启停、一键启停功能,监测监控具备系统压力监测,系统流量监测,泵站启停监测,增压泵启停监测,泵站的油位、油温、液位、故障监测等功能;泵站控制要具有自动加、卸载控制,主从控制,均衡开机控制等功能	○	●	●
			接口与协议		以太网接口,Ethernet/IP 协议,Modbus TCP/IP,具体技术要求参见《国家能源集团矿山机电设备通信接口和协议规范(EIP 标准)》	●	●	●

表 6(续)

序号	设备	分项		配置建议	功能配置(注:●配置 ○选配 —无)		
					初级	中级	高级
6	供电	移变、组合开关		新式综合保护器,具有数据上传和远程控制功能	○	●	●
		接口与协议		以太网接口,Ethernet/IP 协议,具体技术要求参见《国家能源集团矿山机电设备通信接口和协议规范(EIP 标准)》	○	●	●
7	集控中心	采煤机控制主机		① 微处理器:不低于四核,主频不低于 2.0 GHz。 ② 内存:不低于 16 GB。 ③ 硬盘:固态,不低于 256 GB。 ④ 具有采煤机监控组态软件,数据时延小于 200 ms,具有数据报表导出功能,历史数据自动保存	—	○	●
		支架控制主机		计算机配置同采煤机控制主机:具有支架状态监控软件,数据时延小于 200 ms,显示工作面全部支架状态信息,具有故障预警提示功能、具有数据报表导出功能,历史数据自动保存	●	●	●
		“三机”、泵站、供电主机		计算机配置同采煤机控制主机:具有“三机”、泵站、供电设备运行状态监控软件,数据时延小于 200 ms,显示所有设备的状态信息,具有故障预警提示功能、数据报表导出功能,历史数据自动保存	●	●	●
		视频临近系统	计算机配置	同采煤机控制主机	●	●	●
			定点摄像头	根据现场需求进行安装,具有摄像头组态软件,可实现跟机切换功能,视频信号时延小于 200 ms	●	●	●
			视频分析服务器	支持在线实时分析视频流不低于 16 路,帧率不低于 10 帧,时延小于 1 s;可识别并标记护帮板、大块煤、人员、采煤机、片帮等图像特征	—	—	○

表 6(续)

序号	设备	分项		配置建议	功能配置(注:●配置 ○选配 —无)		
					初级	中级	高级
7	集控中心	视频监控系统	硬盘录像机	可接驳网络摄像机、网络视频服务器,支持最大16路实时录像、16路同步回放,总存储容量不小于32 TB	—	—	○
			云巡视	具备云巡视功能	—	—	●
		语音通信系统	语音通话系统	具有与工作面语音对讲功能	—	●	●
			视频监控系统	安装云台摄像机,具有地面、井下视频对讲功能	—	●	●
		自主割煤主机	计算机配置	同采煤机控制主机	—	—	●
			三维地质模型	具有地质模型修正接口,可接收规划截割模板数据,融合采煤机、支架等设备三维模型坐标数据,传递并更新三维地质模型	—	—	○
			截割模板	具有加载工作面三维扫描模型,获取工作面地质模型中当前工作面顶底板坐标,并下发采煤机采高控制数据的功能。截割模板控制节点间距不低于0.5 m	—	—	○
		自动生成数据报表		采煤机与液压支架自动生成自动化率、干预率报表	—	●	●
		井下集控中心操作台		具有支架各种动作控制功能,具有泵站启停控制功能,具有采煤机摇臂升降、牵引方向、速度控制功能,具有开关、移变、综保停送电控制功能。设备动作时延小于200 ms	—	●	●
		地面集控中心操作室		具备地面远程监控操作功能,即具有支架各种动作控制功能,具有泵站启停控制功能,具有采煤机摇臂升降、牵引方向、速度控制功能及机架协调截割工艺功能,具有开关、移变、综保停送电控制功能,具有故障诊断及专家决策系统、Web发布系统(App、网页等)。设备动作时延小于200 ms	—	○	●

表6(续)

序号	设备	分项		配置建议	功能配置(注:●配置 ○选配 —无) 初级	中级	高级
8	机器人	视频巡检		搭载红外及可见光双视摄像仪、拾音器,代替人的“眼、耳、皮肤”,自动识别工作面设备发热、异响等问题,平时定速巡航,异常情况下人工远程控制。工作面实现云巡视	—	—	●
		三维激光扫描		工作面配置1台,以刮板输送机电缆槽为轨道,最大巡检速度为30 m/min,可实现点云拼接,可引入绝对坐标	—	—	○
9	三维地质模型	多源数据		具有钻孔数据、两顺槽写实数据、采煤工作面写实数据、回撤通道数据、槽波解释数据、三维地震解释数据、孔中探测解释数据等	—	—	○
		模型要求		三维地质模型网格至少达到1 m×1 m,可进行任意剖切,模型经回采过程中工作面煤层顶底板数据更新后,其推采前方30 m模型精度可达0.2 m。应用地面钻孔、切眼、回撤通道、定向钻孔等揭露的煤层三维坐标信息建立地质模型	—	—	○
10	超前支架	传感器	立柱压力	测量范围为0~60 MPa,测试误差小于1%	—	●	●
			顶梁倾角	倾角传感器,可测量顶梁倾角,传感器分辨率不大于0.1°,最小检测角度不大于0.5°	—	○	○
			掩护梁倾角	倾角传感器,可测量掩护梁倾角,传感器分辨率不大于0.1°,最小检测角度不大于0.5°	—	○	○
			底座倾角	倾角传感器,可测量底座倾角,传感器分辨率不大于0.1°,最小检测角度不大于0.5°	—	○	○
			采高	高度误差为±0.5%	—	○	○
			推移行程	检测推移液压缸行程,检测精度为±5 mm	—	●	●
		摄像仪		最低照度(彩色)为0.05 lx,分辨率为1 920×1 080(200万像素)。以太网光接口,TCP/IP传输协议,传输速率为10 Mb/s、100 Mb/s(自适应);摄像头具有自清洗功能;每架安装1台	—	○	○

表 6(续)

序号	设备	分项	配置建议	功能配置(注:●配置 ○选配 —无)		
				初级	中级	高级
10	超前支架	远程控制	具有远程控制护帮、降柱、移柱、升柱、推溜、闭锁等功能,远程控制响应时间不大于 200 ms	—	●	●
		就地与控制功能	具备就地与远程控制功能	—	●	●
11	自移机尾	电液控制	电液控制自移机尾	●	●	●
		自动移动	配置数字液压缸,实现精准推移;利用激光扫描仪对跑偏情况进行纠偏,实现自动移动	—	—	●
12	通信网络	4G	国标	●	●	—
		5G	国标	—	—	●
		Wi-Fi	① 用于采煤机、手持移动终端的移动监控。信号连续、强度、带宽满足使用要求。 ② 应具有 2.4 GHz 或 5.8 GHz 频段的 Wi-Fi 通信基站。传输距离为 0～100 m	●	●	●
13	门禁系统	工作面门禁系统	生产时,防止无关人员进入智能化工作面	—	○	●

表 7　井工煤矿智能掘进工作面配置建议表

项目	分项	配置建议	功能配置(注:●配置 ○选配 —无)		
			初级	中级	高级
掘进设备	传感器	① 参与掘进设备定位定向、姿态调整的液压元件配有高精度传感器。 ② 航向角误差≤0.15°;翻滚角误差≤0.1°;俯仰角误差≤0.1°;升降角误差≤0.1°	—	○	●
	惯性导航系统	① 具有准备时间短、反应速度快、抗干扰、抗振动能力强等优点,以及具备上电自动寻北、能够实时输出载体航向、姿态信息的功能。 ② 支持光纤 INS/GNSS 组合定位定向导航。 ③ 防护等级不小于 IP65,工作温度 −40～+60 ℃。 ④ 具备快速对准功能,初次对准时间小于 4 min,断电 2 h 内对准时间小于 5 s。 ⑤ 航向误差小于 0.06°,姿态误差小于 0.06°,航向保持精度为 0.01°/h	○	●	●
	遥控器总成	① 具有远距离控制、信号显示、电量显示、急停设备、信号中断保护等功能。 ② 电池工作时长不小于 12 h,防护等级大于 IP65,有效遥控距离不小于 30 m,响应时间小于 100 ms	●	—	—
	远程控制	掘进机具有远程参数整定、控制功能,时延不超过 100 ms;掘进机具备接收其他设备数据的功能,作为掘进机控制参数的依据	○	●	●
	记忆截割	通过学习人工示范路径后,系统可以自动生成相同截割路径,并进入自动截割控制模式	●	●	●
	自适应截割	应用截割进给速度与截割负载相关的自适应截割技术,建立掘进机截割部控制系统模型,设计掘进机自适应截割控制算法,使截割电机在恒功率状态工作,提高截割效率;载荷识别正确率高于 80%;仿形截割断面成形边界控制精度不大于 10 cm	—	●	●

表 7(续)

项目	分项	配置建议	功能配置（注：●配置 ○选配 —无）		
			初级	中级	高级
掘进设备	自主截割	具备自主感知方向、位置、姿态，自主纠偏功能；能根据不同巷道断面自主决策，自动规划截割工艺路径，具备巷道自动成型与自主截割功能，自主截割断面成形边界控制精度不大于 10 cm	—	—	●
钻锚设备	自动卷缆装置	自适应自动卷缆装置运行方向、运行速度与锚杆钻车同步，调速控制，速度为 0～30 m/min	○	●	●
	液压控制	采用自动钻架和锚杆钻车，具有本机操作钻机升、降、钻、锚、闭锁等功能	●	●	—
	电液控制	采用按钮式电液控钻机、锚索自动进给器等，具备顶板临时支护功能，实现锚杆作业流程自动化	○	●	●
	远程控制	具有自动确定锚护位置、自动钻孔、自动铺网、自动安装锚杆(索)、工况在线监测及故障诊断、锚固质量自检验等功能。钻机的运行压力、转矩、转速、进给速度实现远程显示，远程控制响应时间不大于 200 ms	—	○	●
运输系统	带式输送机	单条带式输送机具有完善的传感器、执行器及控制器，能实现单机自动控制	●	●	●
		采用变频或软启驱动方式	○	●	●
		具备完善的综合保护装置，能够根据监测结果实现综合保护装置的智能联动	●	●	●
		多条输送带搭接，应具备多条输送带的集中协同控制功能，能够实现多机无人值守	○	●	●
		具备煤量、带速、温度等智能监测功能，采用智能张紧、可伸缩自移机尾	○	●	●
		实现远程控制和智能无人操控	—	○	●
		具备根据转载机煤量自动调节带速的功能	—	—	●

表 7(续)

项目	分项	配置建议	功能配置(注:●配置 ○选配 —无)		
			初级	中级	高级
运输系统	转载机组	长度满足掘进需求,并具备过载保护功能	●	●	—
		能实现单系统或单设备的远程自动控制、工况在线监测、故障诊断	○	●	—
		具备防碰撞功能	—	○	●
	梭车	具备自适应卷电缆功能、车辆故障诊断及声光预警功能	●	—	—
		具备可视化远程控制功能、卷电缆自主监控及预警功能、装卸料状态监测功能、人员接近停机功能	—	●	●
		具备智能自主运行功能;实现运行路径自主规划、障碍物自主发现并规避、自主识别路标并规划转弯路线、装卸料的自主运行,梭车行走控制精度≤100 cm,测距精度≤30 cm	—	○	●
	自移装置	配置巷道支护材料自移装置,材料架具备液控自移功能	○	●	●
		迎头带式输送机配置电液控制自移机尾,实现精准推移	○	●	●
	自动张紧装置	液压缸压力传感器为 4～20 mA 电流信号、0～10 V 电压信号,检测范围为 0～60 MPa。行程传感器为 0.71～3.55 V 电压信号,检测范围为 0～330 mm	—	●	●
	刚性架自动安装	具备带式输送机刚性架自动安装功能,每组(3 m)安装时间不大于 5 min	—	○	●
	监测监控	具有单机、顺序、一键启停控制功能;具有监测电机电流、转速、绕组温度、变频器 IGBT 温度、变频器控制、故障显示等功能;具有系统冷却水检测,电机过流、过载、超温、欠压等保护功能	—	●	●

表 7(续)

项目	分项	配置建议	功能配置 (注:●配置 ○选配 —无) 初级	 中级	 高级
排水系统	自动抽排	具备单台水泵自动运行及无人值守功能	●	●	●
		具备远程集中控制,实现自动运行及无人值守	○	●	●
		根据固定作业点的水位情况实现智能抽排,可视化监控	—	○	●
		具备故障分析诊断及预警功能	—	○	●
通风系统	变频调速	具备智能调速和远程集中控制功能	○	●	●
	远程控制	局部通风机具备远程监测功能	—	○	●
	切换闭锁	掘进工作面的局部通风机实现双风机、双电源,并能自动切换,根据环境监测结果实现风电闭锁、瓦斯电闭锁等	●	●	●
除尘系统	除尘器	① 具备自动运行、无人值守、粉尘(污水)定点收集等功能。 ② 除尘设备总粉尘除尘效率≥99%	○	●	●
		除尘设备呼吸性粉尘除尘效率≥98%	—	○	●
		具备风量、阻力、粉尘浓度等参数状态监测、远程集中控制和智能调速等功能	—	○	●
供电系统	保护显示监测报警	具备智能防越级跳闸保护功能	●	●	●
		具备智能选择性漏电保护功能	●	●	●
		应配备组合开关,实现集中供配电,配合集控系统实现信息的采集和上传	○	●	●
		具备状态参数显示、巡检、故障录波存储、故障分析、智能告警等功能,对用电峰谷电量与能耗统计分析、电能质量监测	—	○	●
		采用智能开关和关键负荷电缆的测温和报警系统	—	○	●

表 7(续)

项目	分项	配置建议	功能配置(注:●配置 ○选配 —无)		
			初级	中级	高级
集控中心	矿用隔爆兼本安型监控主站	① 具备视频和状态信息解析管理,计算机内嵌。 ② 工作电压:AC 127 V,工作电流不大于 1 000 mA,传输距离为 1 000 m(接力)。 ③ 微处理器:不小于四核 2.0 GHz/2.8 GHz。内存:四代不小于8 GB。硬盘:固态硬盘不小于 512 GB。显卡:独立显卡。 ④ 具有掘进机监控组态软件,数据时延小于 100 ms,具有数据报表导出功能,历史数据自动保存	○	●	●
	矿用隔爆兼本安型监控分站	① 具备视频状态信息采集及无线传输功能,至少 4 路摄像仪供电。 ② 工作电压:AC 127 V。工作电流:不大于 500 mA。传输方式:全双工,TCP/IP。传输速率:100 Mb/s、1 000 Mb/s(自适应)。传输距离为 1 000 m(接力)	○	●	●
	矿用浇封兼本安型显示器	① 高清显示屏幕不小于 24 in(1 in=2.54 cm)。 ② 工作电压:AC 127 V。 ③ 视在功率:不大于 100 VA。 ④ 传输方式:TCP/IP	○	●	●
	矿用本安型键盘	具备专用防护内嵌鼠标、语音输入输出、数据拷贝功能	○	●	●
	矿用本安型云台摄像仪	① 具有视频采集、音频采集、角度调整、距离调整、红外补光等功能;水平角度为 0°~360°,垂直角度为 0°~90°。 ② 传输速率:10 Mb/s、100 Mb/s(自适应)。最低照度(彩色):0.02 lx。分辨率大于 400 万像素。以太网光接口,TCP/IP 传输协议	○	●	●

表 7(续)

项目	分项	配置建议	功能配置 (注:●配置 ○选配 —无)		
			初级	中级	高级
集控中心	矿用本安型摄像仪	① 具有本安型设计、图像采集、红外补光、快接插头等功能。 ② 工作电压:DC 12 V。工作电流:不大于 900 mA。传输速率:10 Mb/s、100 Mb/s(自适应)。最低照度:彩色 0.05 lx。最大分辨率可达 1 920×1 080(200 万像素)。以太网光接口,TCP/IP 传输协议	●	●	●
	视频监控主机	掘进设备、支护设备、转载设备、运输设备及各转载点都应配置摄像头;具有摄像头组态软件,视频信号时延小于 200 ms	—	●	●
	语音通信系统	要求工作面应具有与集控中心直通的语音通信设备,具备语音对讲、录音、扩播功能	—	●	●
	视频监控系统	安装摄像仪,具有地面、井下视频对讲功能	—	●	●
	三维地质模型	具备巷道掘进工作面三维地质模型构建功能,并根据掘进过程中揭露的实际地质信息与工程信息对模型进行实时动态修正	—	○	●
	巷道成形质量及状态监测	具有工作面边界报警功能,巷道成型准确,10 m 内断面成型误差小于 100 mm,有效防止超挖、欠挖现象,实现远程精准断面截割	—	○	●
	操作台	具有部件集成、4 分屏显示、全屏集中显示、语音输入输出等功能	●	●	●
		具备视频监控功能,实现掘进设备的远程操控和运输设备的启停控制。设备动作时延小于 100 ms	●	●	●
		具备单机可视操控、成套设备一键启停、多机协同控制、供配电、无线数据网络管理及远程集中控制等功能	—	●	●
		集控平台具备单机可视监控、多机协同控制、远程集中控制、一键启停、井上下视频对讲功能,具有供配电及设备状态监控、视频监测、无线数据网络管理等功能	—	○	●

表 7(续)

项目	分项	配置建议	功能配置（注：●配置 ○选配 —无）		
			初级	中级	高级
机器人	喷浆机器人	混凝土的回弹率小于 30%，保证喷层的质量	○	●	●
		采用折叠式智能型机械手用于长距离湿喷	○	●	●
		具备无线遥控功能，实现远距离遥控喷浆操作，随时自动调整添加剂配比	—	○	●
	管道安装机器人	具备常用管道抓举、搬运、码放等功能，并有辅助人工安装、拆卸管道等功能	—	○	●
		具备全功能无线遥控操作；电池工作时长不小于 12 h，有效遥控距离不小于 30 m，响应时间小于 100 ms	—	○	●
通信网络	4G	国标	○	●	●
	5G	国标	—	○	●
	有线网络	① 有线主干网络用矿用以太网技术，带宽不小于 10 000 Mb/s。 ② 二级交换接入网络应采用 1 000 Mb/s 以上工业以太环网，具备组环功能，可形成子环网络自愈时间小于 30 ms，能通过以太网电接口或光接口接入矿井主干网络	○	●	●
	Wi-Fi	① 用于掘进机、手持移动终端的移动监控；信号连续、强度、带宽满足使用要求。 ② 应具有 2.4 GHz 或 5.8 GHz 频段的 Wi-Fi 通信基站。传输距离为 0～100 m	—	●	●
	接口与协议	以太网接口，Ethernet IP/ Modbus TCP/IP 协议	—	●	●
定位系统		① 具备人员精确定位、危险区域人员接近识别与报警功能。 ② 探测精度≤0.3 m；探测距离≥50 m；单设备延迟≤200 ms	○	●	●

表 8　井工煤矿灾害预警配置建议表

序号	系统	分项	配置建议	功能配置（注：●配置 ○选配 —无）		
				初级	中级	高级
1	透明地质建模	瓦斯地质建模	具备煤层瓦斯赋存模型，瓦斯赋存预测准确率达到80%以上；具有工作面、采区、矿井三级动态瓦斯地质图，包含煤层及瓦斯参数、煤层赋存、地质构造、瓦斯赋存、煤层开采、瓦斯抽采、“三量”信息、瓦斯涌出量等基本信息；突出煤层还应具备突出点、区域预测、被保护范围、煤柱范围、防突措施等信息	—	—	●
		冲击地压地质建模	具备煤层应力场及裂隙场分布模型，应力场及裂隙场分布规律准确度达到70%以上；具有工作面、采区、矿井三级动态地质图，包括煤层物理力学参数、煤层及顶底板岩层赋存、地质构造、裂隙分布、煤层开采、采动应力动态预测、冲击危险区域划分、区域监测及治理措施、效果检验等基本信息	—	—	●
		水文地质建模	具有矿井水文地质一张图，包括地表水、老空水、顶板水、底板水4类水源以及采动影响、导水构造空间位置等关键信息。地表水：流量、水位、水质等参数以及与工作面的空间关系信息。老空水：边界范围、积水量、水质、标高等信息。底板水：水压、水温、水质等参数以及与工作面的空间关系、工作面回采对底板扰动破坏深度等信息。顶板含水层：富水性、水质等参数以及与工作面的空间关系、导水裂隙带高度等信息	—	—	●
2	煤矿灾害监测系统	矿压监测	工作面：液压支架工作阻力、液压支柱支撑力、液压支架倾角、活柱缩量、煤体片帮量、支架安全阀开启量、采空区悬顶距等参数监测。巷道：锚杆索应力、围岩应力、顶板离层量、两帮移近量、顶底板移近量、底鼓量、锚杆索预紧力等参数监测	●	●	●

表8(续)

序号	系统	分项	配置建议	功能配置(注:●配置 ○选配 —无)		
				初级	中级	高级
2	煤矿灾害监测系统	水文监测	常规监测:包括气象环境监测、地表水监测、地面水文长观孔监测、井下常规水文监测。承压水监测:采用微震与电法联合监测,对承压水层位、富水性以及导水裂隙高度或底板扰动破坏深度进行监测,采用电磁波CT透视采煤工作面导水通道。采空区:采用地面或井下瞬变电磁、高密度电法、三维地震对采空区的范围、积水面积、积水量进行探测。水质监测:建立矿井水化学标准数据库,对各水源的涌水点水质进行自动测量和记录,分析化学成分,判断涌水来源	●	●	●
		冲击地压监测	应按照《防治煤矿冲击地压细则》要求进行区域、局部联合监测。井下环境:监测微震、矿震。井上环境:监测地表岩移、顶板岩层位移、矿震、微震。采煤工作面:监测支架工作阻力。回采顺槽:监测应力、位移、顶板离层、微震、地音、钻屑。掘进顺槽:监测应力、位移、顶板离层、微震、地音、钻屑。大巷、硐室:监测微震、应力	●	●	●
		瓦斯抽采监测	分单元安装抽采自动计量装置,按措施效果检验单元分别监测或者检测管道抽采管道内甲烷浓度、负压、混合/纯瓦斯流量、温度、一氧化碳等,自动计量或者统计计算单元的瓦斯抽采量;检测设备具有联网上传功能;具有瓦斯抽采泵站环境、设备工况监测及抽采泵、管道阀门等主要设备的集中控制功能;具有抽采钻孔辅助设计、瓦斯抽采达标在线分析功能	●	●	●
		煤与瓦斯突出监测报警	按照《防治煤与瓦斯突出细则》要求,实时监测、分析井下各相关地点瓦斯浓度、风量、风向等的突变情况,判断突出事故发生的时间、地点和可能的波及范围,并与人员定位、井下广播、电力监控等系统联动,一旦发生事故,及时采取断电、撤人、救援等措施	●	●	●

表 8(续)

序号	系统	分项	配置建议	功能配置（注:●配置 ○选配 —无）		
				初级	中级	高级
2	煤矿灾害监测系统	火灾和热动力监测	井下环境:监测一氧化碳浓度、温度。机电硐室:监测火焰、烟雾、温度。胶带:沿线采用光纤测温、托辊感温、云巡视等手段监测。机头、机尾:监测轴温、烟雾。密闭采空区:采用多参数传感器、束管等手段监测温度、压差、一氧化碳浓度、氧气浓度、甲烷浓度。开放采空区:采用束管监测一氧化碳、乙炔、乙烯等标志气体和一氧化碳、氧气、甲烷浓度,采用光纤监测采空区温度。有自然发火危险煤柱区:埋设温度传感器监测煤体内温度,同时,采用束管或人工监测煤柱内标志性气体	●	●	●
		"误报警"控制	升级中心站报警逻辑,判断处于备用状态的设备开停状态,减少无效报警次数;升级传感器故障自诊断程序,定期更新传感器故障导致的"误报警"类型数据库,避免传感器自身故障引发误报警;采用激光甲烷传感器替换催化类甲烷传感器,提升监测精度;采用大数据分析等手段提升监控系统合规性判识规则完整性、合理性	●	●	●
		灾害监测数据融合	数据融合服务应具有全面的数据元分类属性、产生层次、交互层次、融合处理层次规范;对瓦斯、水、火、顶板、冲击地压等灾害监测数据基于统一底层协议,通过区域协同控制器实现灾害监测数据井下统一采集;对于文件类型数据,采用 FTP 实现;对于标准工控类设备数据的采集与控制采用 OPC 接口标准实现;对于环境监测类数据、井下人员数据、非标准机电设备监测控制类等数据,采用统一的数据交互标准规范协议;对于实时音视频数据交互,采用 SIP、RTP 和 RTSP 协议实现;构建统一的灾害数据存储中心,对于关系型数据,采用标准关系数据库存储,对于非关系型数据,根据特征采用键值数据库、流数据库、图数据库等 NoSQL 大数据平台存储。实现 80%以上灾害数据的融合	—	●	●

表8(续)

序号	系统	分项	配置建议	功能配置(注:●配置 ○选配 —无)		
				初级	中级	高级
3	煤矿灾害预警报警系统	灾害报警系统	按照煤矿灾害防治的相关规程、细则、标准、要求确定分级报警指标及临界值,能够对指标超标、监测数据突变等异常进行自动判识和及时报警,报警准确率提高20%	●	●	●
		灾害综合预警系统	具有多因素、多指标综合预警功能,根据专家知识和矿井灾害特征规律,分类建立灾害综合预警模型,能够综合多个指标实时评估灾害危险性,对灾害进行分类、分级预警	—	●	●
		重大灾害融合预警系统	在多因素、多指标综合预警基础上,引入人工智能算法和多源数据融合分析技术,构建具有自主建模、原因溯源能力的融合预警模型,提高灾害预警的智能化水平和准确性,预警准确率提高40%以上	—	—	●

表 9　井工煤矿智能通风配置建议表

序号	设备	分项		配置建议	功能配置（注：●配置 ○选配 —无）		
					初级	中级	高级
1	风流监测	风量监测		测风站布置风速传感器，量程为 0.1～15 m/s，精度为 0.1 m/s，分辨率为 0.01 m/s。采用全自动测风或全断面平均风速反演，风量误差小于 5%	●	●	●
		通风阻力监测		主要进风巷和回风巷配置有绝对大气压、温度、湿度、压差传感器或同等功能多参数传感器。绝对大气压力误差小于 30 Pa，压差传感器误差小于 5 Pa	○	●	●
		瓦斯无人巡检		瓦斯检查工巡检（包括检测、上板、记录等）全部实现无人化	○	○	●
2	通风动力	主要通风机	主要通风机在线监测模块	设置风速、风压、温度、振动、频率、电流、电压等的在线监测、故障分析诊断和预警功能，风速精度为 0.1 m/s，负压精度小于 30 Pa	●	●	●
			主要通风机远程集中控制	具备一键启动、一键反风、一键倒机和远程集中控制功能	●	●	●
			视频监控	主要通风机及配电室配备视频监控	●	●	●
			主要通风机风量定量调控	具备风机叶片动叶可调或变频远程自动控制功能	○	●	●
			主要通风机安全最优调风	可根据工况需风量和风压情况，自动选择最优转速或动叶角度，实现在线最优供风调节	○	○	●
		局部通风机	局部通风机在线监测	具备风量、温度、甲烷、电流、电压、振动等参数在线监测和分析功能，风筒风速范围为 0.1～25 m/s，精度为 0.1 m/s	●	●	●
			局部通风机远程集中控制	具备远程启停及远程集中控制功能，配置有专用电缆、专用开关、专用变压器和风电闭锁、瓦斯电闭锁	●	●	●
			视频监控	局部通风机配备视频监控设备	●	●	●
			局部通风机风量定量调控	实现变频远程控制，具有风量、风速远程调节功能	○	●	●
			自动排放瓦斯	依据瓦斯传感器监测的工作面、工作面回风流和总汇合风流的瓦斯浓度自动控制局部通风机转速，有序安全排放瓦斯	○	○	●

表9(续)

序号	设备	分项		配置建议	功能配置(注:●配置 ○选配 —无)		
					初级	中级	高级
3	通风设施	风门	风门就地自动控制	行车风门、主要行人风门具有就地自动控制功能,设置有红外、光控、图像识别、雷达等至少一种传感器,设置开关传感器、声光报警和联锁装置、应急手动控制装置,实现行车行人自动开闭	●	●	●
			视频监控	行车风门、主要行人风门配备视频监控设备	●	●	●
			风门远程集中控制	行车风门、主要行人风门具有远程集中控制功能,灾变时期可实现远程快速解除闭锁控风	○	●	●
		风窗	风窗就地定量化自动控制	关键通风节点的风窗具有开启面积定量化就地自动控制和应急手动控制功能。风窗定量化开启面积控制误差小于1%,过风量误差小于5%	○	●	●
			风窗定量化远程集中控制	关键通风节点的风窗具有开启面积定量化远程集中控制功能。风窗定量化开启面积控制误差小于1%,过风量误差小于5%	○	●	●
			风窗驱动装置	关键通风节点的风窗驱动动力不受瓦斯电闭锁的影响	○	●	●
		密闭	自动化施工装置	配备自动化掏槽装备,减少作业人员人数及减轻劳动强度	○	○	●
4	应急控风设备	风井防爆门		实现灾变自主自动控制或远程集中控制	○	○	●
		井下防火门		实现灾变自主自动控制或远程集中控制	○	○	●
		快速隔离或密闭装置		实现灾变自主自动控制或远程集中控制	○	○	●
5	软件平台	通风信息化管理	报表管理	通风报表、监控报表自动生成	●	●	●
			通风系统数字建模	井巷、硐室、工作面、通风设施、通风动力等通风数字建模	●	●	●
			瓦斯地质建模	通风相关的地质建模	○	○	○
			可视化管理	在二维系统图上动态显示实时数据、风流方向和设施状态。在三维空间模型上以真实坐标和场景动态显示实时数据、风流方向和设施状态	●	●	●

表 9(续)

序号	设备	分项		配置建议	功能配置(注:●配置 ○选配 —无) 初级	中级	高级
5	软件平台	通风信息化管理	图纸管理	通风立体图和通风网络图自动绘制、通风系统图在线动态管理	●	●	●
			风网拓扑结构建立	通风网络拓扑关系自动建立,网络图关系自动形成	●	●	●
			通风阻力在线监测数据处理	通过对风阻力在线监测和平差计算,建立通风风阻数据库	●	●	●
			通风动力性能曲线建库	基于通风机性能测试,建立个体特性曲曲线与转速、叶片角度和频率的关系模型,建立通风机性能数据库	●	●	●
			风阻调节设施计算建模	对每个安装好的调节风窗建立开度和风阻增量的计算模型	●	●	●
			自然分风网络解算	在已知的各风道风阻、自然风压和风机特性曲线条件下,进行分风解算	●	●	●
			实时分风网络解算	基于监测数据的实时分风解算(实时通风阻力解算),显示各风道的风阻、风量和风压	●	●	●
		控风辅助决策	按需分风计算	在部分风道风量、风压或风阻固定时,计算未知风道的风量、风压和风阻	○	●	●
			需风量计算	根据空间数据、进尺数据、监测数据、车辆和人员位置数据实时预测各用风地点的需风量。按照《煤矿安全规程》及现场实际(可人工输入参数)自动计算需风量	○	●	●
			调节方案辅助决策	对于给定的需风点风量和调节点位置,可以计算出功率消耗最小且可最大限度满足需风的调节方案	○	●	●
			灵敏度和可靠度计算	计算每条风道的灵敏度和可靠度、通风系统的可靠度,评价风流的稳定性	○	●	●
			监测点布置决策	根据灵敏度和可靠度计算结果进行布局,满足通风系统的可测性	○	●	●
			调控设施布置决策	根据灵敏度和可靠度计算结果进行布局,满足通风系统的可控性	○	●	●

表 9(续)

序号	设备	分项		配置建议	功能配置 (注:●配置 ○选配 —无)		
					初级	中级	高级
5	软件平台	控风辅助决策	主要通风机风量调节辅助决策	基于需风量的计算和主要通风机性能数据库,辅助决策主要通风机运行频率或叶片角度,确定最佳工况点	○	●	●
			局部通风机风量调节的辅助决策	基于需风量的计算和局部通风机性能数据库,辅助决策局部通风机运行频率,确定最佳工况点	○	●	●
		故障智能诊断	通风动力故障诊断	基于风机在线监测数据,对通风机可能出现的故障和缺陷动态诊断报警,并进行健康管理。对正在发生的故障及时诊断与定位	○	●	●
			通风网络故障诊断	基于在线监测数据,对通风网络可能出现的故障和缺陷动态诊断报警,并进行健康管理。对正在发生的故障及时诊断与定位	○	●	●
			通风设故障诊断	基于在线监测数据,对风门、风窗等通风设施可能出现的故障和缺陷动态诊断报警,并进行健康管理。对正在发生的故障及时诊断与定位	○	●	●
		控风自主决策	通风动力自主调控	在授权状态下,正常时期生产控风实现通风动力设备自主调控	○	○	●
			自主联动控制	在授权状态下,正常时期生产控风实现通风动力与通风设施自主联动调控	○	○	●
		灾变控风辅助决策	灾变烟流扩散模拟计算	能模拟灾变烟流的扩散和漫延过程,动态分析灾害影响区域和范围	○	○	●
			反风模拟计算	基于灾变条件,能快速进行反风模拟计算	○	○	●
			避灾与救灾路线决策计算	灾变时期能快速决策计算并形成最佳避灾与救灾路线	○	○	●
			灾变调风、控风辅助决策智能控制	灾变时期自动给出调风、控风方案,辅助决策最佳调风、控风方案,并实现远程控制	○	○	●

表 9(续)

序号	设备	分项		配置建议	功能配置(注:●配置 ○选配 —无)		
					初级	中级	高级
5	软件平台	多系统融合	融合安全监测监控系统数据	除了风速之外,还要集成瓦斯浓度、温度、湿度、气压、一氧化碳浓度、二氧化碳浓度、粉尘浓度等监测数据,为通风状态识别、需风量预测和通风效果评价提供数据支撑	—	●	●
			融合灾害预警系统数据	融合瓦斯、火灾、粉尘等灾害的预测预警数据,可有效提高需风量计算准确性,可为生产调风、控风提供数据支撑	—	○	●
			融合部分工业自动化系统数据	融合各硐室、工作、巷道等地点的设备开机功率和采掘面位置数据,为通风状态识别、需风量预测和通风效果评价提供数据支撑	—	○	●
			融合精确人员定位系统数据	为计算各地点人数、需风量预计、控风决策提供实时数据	—	○	●
			融合精确车辆定位系统数据	为计算活塞风速的影响,一氧化碳浓度、尾气排放和风流控制提供基础数据	—	○	●

表 10　井工煤矿智能运输配置建议表

序号	系统	分项			配置建议	功能配置(注:●配置 ○选配 —无)		
						初级	中级	高级
1	主运输系统	带式输送机运输系统	控制箱		具有远程、自动、手动等多种控制方式,对单条胶带、给煤机等进行控制	●	●	●
					具备对整个系统的控制和监测功能,图文动画显示设备的运行状态,对现场所有设备进行集中控制	●	●	●
					与地面集中控制系统实时数据通信,实现地面远程集中控制	●	●	●
			传感器	速度	实现带式输送机低速打滑、超速等保护	●	●	●
				堆煤	当连续 2 s 内检测到煤位超过预定位置时,堆煤保护报警,同时中止胶带运行	●	●	●
				防跑偏	跑偏传感器通过开关量节点的变化来判断胶带是否跑偏,发出跑偏信号,实现胶带跑偏监测和保护	●	●	●
				防纵撕	当运行的胶带发生纵向撕裂故障时,撕裂保护报警,并同时中止胶带运行	●	●	●
				拉线急停	发现紧急状况时,可对系统进行紧急停车,需要手动复位	●	●	●
				烟雾	对胶带因摩擦发热或其他原因产生的烟雾进行监测,当气体烟雾超标时应报警,中止带式输送机运行,同时启动洒水装置,喷水降温	●	●	●
				温度	对带式输送机的驱动电机绕组温度、减速器的轴承温度、油温等实行超温保护,监测温度超过规定值时应报警,同时启动洒水装置,喷水降温	●	●	●
				电机	检测电机功率、电压、电流、振动等参数	●	●	●
			拉线急停闭锁		拉动信号电缆,实现急停,并显示急停位置	●	●	●
			语音预警		具备语音预警功能	●	●	●
			通信扩播电话		设备就地控制点配置扩播电话,实现人员对话及设备启停预警。具备地面井下双向扩播对讲功能	●	●	●

表 10(续)

序号	系统	分项		配置建议	功能配置（注：●配置 ○选配 —无）		
					初级	中级	高级
1	主运输系统	带式输送机运输系统	视频监控系统	装载、卸载位置实现视频监控全覆盖，具备现场视频实时监控、回放等基本功能	●	●	●
			智能集中润滑	根据油位、油压、油质等传感器监测判断，实现自动注油	○	●	●
			油质在线监测	实现齿轮油在线监测，替代取油样工作任务	○	●	●
			钢丝绳芯带面无损检测	钢丝绳绳芯在线监测，及时分析判断绳芯完好状况	○	●	●
			降尘和防灭火监控系统	实现煤量、粉尘监测和降尘联动控制，转卸载点、重点部位、带式输送机沿线防灭火监控	○	●	●
			变频调速控制	实时监测带式输送机运量和电机参数，控制驱动系统使带式输送机处于最优工作点	○	●	●
			人工智能视频系统	具备防止人员闯入电子围栏及人员违章识别功能	○	●	●
				具备跑偏/大块煤/堆煤/异物/带面撕裂识别报警等功能	○	○	●
			云巡视	具备云巡视功能	○	○	●
			永磁同步直驱	应用永磁同步直驱带式输送机	○	○	●
			智能除铁	对煤流中的铁器自动识别，实现智能除铁	○	○	●
			煤流均控制	根据工作面产量、主运煤流大小和方向、煤仓煤位进行煤流均衡智能控制。给煤机可根据仓位、视频信号、带式输送机负荷等实时调整放煤量	○	○	●
			设备预防性维护和检查	能够根据设备运行状况实时、动态地进行系统健康状态评估，提供智能运维计划和方案，实现智能化运维	○	○	●
		立井箕斗提升系统	提升监控系统	配备数字化控制系统，具有遥控、手动、检修等多种控制功能	●	●	●
				制动系统应采用恒减速制动系统	●	●	●
				具备提升速度、提升重量等的监测功能	●	●	●

表 10(续)

序号	系统	分项		配置建议	功能配置(注:●配置 ○选配 —无) 初级	中级	高级
1	主运输系统	立井箕斗提升系统	提升监控系统	实时采集、传输高低压控制柜、主电机、液压站等重点部位的电流、电压等信息,具有过载、短路、漏电、过压等保护功能	●	●	●
				具备电机功率、电压、电流、温度等的监测功能	●	●	●
				具备与调度指挥系统联网通信的功能	●	●	●
			视频监控系统	立井井底等要害场所具备现场视频实时监控、回放等基本功能	●	●	●
			堆煤	立井井底应安装堆煤传感器,实现堆煤保护	●	●	●
			钢丝绳无损检测系统	具备首尾绳无损自动监测功能	○	●	●
			人工智能视频系统	具备防止人员闯入电子围栏及人员违章识别功能	○	●	●
			智能装载与卸载功能	具备智能装载与卸载功能,能够与煤仓放煤系统实现智能联动控制	○	○	●
			设备预防性维护和检查	能够根据设备运行状况实时、动态地进行系统健康状态评估,提供智能运维计划和方案,实现智能化运维	○	○	●
		产量监控系统		对煤矿产量进行监测,各部门可实时监测煤矿的产量数据和设备运行情况,并可生成各种生产报表,实时反映煤矿的生产状态	●	●	●
		软件		具备状态信息监控及故障记录功能	●	●	●
				监测系统可以实时显示并保存各种参数及状态,对于模拟量参数可进行图形曲线显示,可随时查看历史数据	●	●	●
				系统具备通信和故障报警功能	●	●	●
				软件接口开放,数据可接入智能矿山综合管控平台	●	●	●

表 10(续)

序号	系统	分项		配置建议	功能配置(注:●配置 ○选配 —无)初级	中级	高级
1	主运输系统	软件		实现系统智能管理,通过设定预警值对设备的健康管理进行评估分析,启动不同级别的报警信号,由巡视检修向状态检修,实现对主运输系统的人工智能决策,柔性控制。具备运行效率分析功能	○	○	●
2	辅助运输系统	副立井提升	提升监控系统	配备数字化控制系统,具有遥控、手动、检修等多种控制功能	●	●	●
				制动系统应采用恒减速制动系统	●	●	●
				具备提升速度、提升重量等的监测功能	●	●	●
				实时采集、传输高低压控制柜、主电机、液压站等重点部位的电流、电压等信息,具有过载、短路、漏电、过压等保护功能	●	●	●
				具备电机功率、电压、电流、温度等的监测功能	●	●	●
				具备与调度指挥系统联网通信的功能	●	●	●
			视频监控系统	具备现场视频实时监控、回放等基本功能	●	●	●
			钢丝绳无损检测系统	具备首尾绳无损自动监测功能	○	●	●
			设备预防性维护和检查	能够根据设备运行状况实时、动态地进行系统健康状态评估,提供智能运维计划和方案,实现智能化运维	○	○	●
		斜井提升	斜井提升监控系统	具备遥控、手动、检修等多种控制功能	●	●	●
				提升斜巷具有防跑车装置、提升绞车连锁自动控制、自动报警、自动停车功能,绞车具有运行状态监测、异常报警、停车等功能	●	●	●
				具备与调度指挥系统联网通信的功能	●	●	●
			视频监控系统	绞车房、各车场和跑车防护装置具备现场视频实时监控、回放等基本功能	●	●	●

表 10(续)

序号	系统	分项		配置建议	功能配置(注:●配置 ○选配 —无)		
					初级	中级	高级
2	辅助运输系统	斜井提升	钢丝绳无损检测系统	具备首尾绳无损自动监测功能	○	●	●
			设备预防性维护和检查	能够根据提升机运行状况实时、动态地进行系统健康状态评估,提供智能运维计划和方案,实现智能化运维	○	○	●
		有轨电机车	运输监控系统	具有有轨机车的调度管理控制系统	●	●	●
				巷道口、硐室口、弯道处实现声光报警	●	●	●
				主要运输线路的道岔、阻车器等安全设施实现远程控制、司机遥控等,机车通过风门可实现司机遥控或自动控制	○	●	●
			视频监控系统	集中装载点、上下人站点、检修硐室、各车场等具备现场视频实时监控、回放等基本功能	●	●	●
			机车智能装备	具备近距离雷达探测功能	●	●	●
				具备车载视频,实现相关信息的智能采集	○	●	●
				具备高清视频监控功能	○	●	●
				具备毫米波远距离探测功能	○	●	●
				具备激光雷达探测功能	○	●	●
				具备 360°全景影像显示功能	○	●	●
				具备行车视频监控以及存储功能	○	●	●
				具备无线(4G/5G、Wi-Fi)数据传输功能	○	●	●
				具备驾驶室与调度系统之间语音通信及应急呼救功能	○	●	●
			调度管理	车辆检验、维修保养记录、备品备件以及司机动态管理	○	●	●
				车辆申请使用与审批的规范化	○	●	●
			无人驾驶	在人工干预条件下,井下有轨电机车实现常态化无人驾驶	○	○	●

表 10(续)

序号	系统	分项		配置建议	功能配置(注:●配置 ○选配 —无) 初级	中级	高级
2	辅助运输系统	架空承运器	监控保护装置	具有速度保护,油温监测保护,全线急停车保护,变坡点防掉绳保护,静态上、下车装置,越位保护,乘人间距控制装置,固定吊椅防过摆装置等保护功能,可实现远程控制	●	●	●
			视频监控系统	上下人站点等地点具备现场视频实时监控、回放等基本功能	●	●	●
			设备预防性维护和检查	能够根据提升机运行状况实时、动态地进行系统健康状态评估,提供智能运维计划和方案,实现智能化运维	○	○	●
		无轨胶轮车	过程监控及红绿灯控制	具备全分布式自动调度行车信号闭锁功能	●	●	●
				具备对设备的远程管理功能,实现逻辑关系及车辆配置管理信息,以及对系统管理员、调度员进行权限管理	●	●	●
				具备信息展示功能,系统平台能显示井下车辆的位置、编号、行进方向、运行状态、信号灯指示状态、故障状态等信息	●	●	●
				具备数据管理功能,能够对运行过程数据、系统操作记录等信息进行存储、查询,可以对车辆历史轨迹进行回放、重演。软件可生成车辆运行、司机违章等统计报表	●	●	●
				具备报警提醒功能,当系统出现设备故障、车辆故障或违规驾驶时,系统软件以弹出窗口和报警提示音形式产生报警提示,告知值班人员处理报警	●	●	●
				具备联网功能以及可扩充系统信息化的功能,系统软件提供标准的通信协议,可方便地与全矿井平台或其他系统平台汇接。在软件中增加功能模块实现物资管理、调度管理、环境管理	●	●	●
				重要运输交叉路口、运输区域,实现闯红灯、超速等违章行为自动抓拍	○	●	●

表 10(续)

序号	系统	分项		配置建议	功能配置(注:●配置 ○选配 —无)		
					初级	中级	高级
2	辅助运输系统	无轨胶轮车	视频监控系统	集中装载点、上下人站点、加油检修硐室等地点具备现场视频实时监控、回放等基本功能	●	●	●
			环境监测模块	具备一氧化碳等尾气监测功能	●	●	●
			机车智能装备	满足 MT989 基本技术条件,具备六大保护功能	●	●	●
				具备近距离雷达探测功能	●	●	●
				具备车载视频,实现相关信息的智能采集	○	●	●
				具备高清视频监控功能	○	●	●
				具备毫米波远距离探测功能	○	●	●
				具备激光雷达探测功能	○	●	●
				具备 360°全景影像显示功能	○	●	●
				具备行车视频监控以及存储功能	○	●	●
				具备无线(4G/5G、Wi-Fi)数据传输功能	○	●	●
				具备刹车、倒车车灯自动控制功能,车辆灯光控制具备自诊断功能	○	●	●
				具备车辆乘员厢、驾驶室以及与调度系统之间语音通信及应急呼救功能	○	●	●
			调度管理	具备用车人员、驾驶端 App 叫车功能	○	●	●
				实现车辆检验、维修保养记录、备品备件以及司机动态管理	○	●	●
				实现车辆申请使用与审批的规范化	○	●	●
			无人驾驶	具有超声波、毫米波、激光雷达、高清摄像头等多传感技术融合的车辆辅助驾驶前端设备和高算力的域控制器,形成辅助驾驶主控平台	—	○	●
				具备路径规划、井下导航功能	—	—	●
				具备水幕、煤尘等井下恶劣环境下特殊障碍物检测手段,在人工干预条件下,识别率≥100%	—	—	●
				在人工干预条件下,井下实现全线所有车型的常态化无人驾驶	—	—	●

表 10(续)

序号	系统	分项	配置建议	功能配置(注:●配置 ○选配 —无)		
				初级	中级	高级
2	辅助运输系统	位置服务	可为矿方各子系统提供地理数据应用服务,以开放服务架构提供大容量、高精度实时位置服务	○	●	●
		智能物流	根据 OID 标识体系建立分层结构的编码体系	○	●	●
			编码内容要包含 OID 中国节点编码、煤炭物联网节点编码、煤炭物联网信息化分类节点编码和具体编码	○	●	●
			物资编码可作为设备、物资、人员的智能化系统的唯一标识	○	●	●
			主要设备使用定位卡进行持续定位监测	○	●	●
			通过扫描物资上的二维码或条形码可迅速获取物资信息	○	●	●
			采用条形码或二维码进行运输全过程监测	○	●	●
			通过物资编码可与仓储管理系统进行无缝对接	○	●	●
			通过地理坐标精确显示车辆及物资的当前所在位置及坐标信息	○	●	●
			运输过程实现物资集装化,转运点实现物资半自动装卸载	—	○	●
			运输过程实现物资集装化,转运点实现物资自动装卸载	—	—	●

表 11　井工煤矿智能辅助配置建议表

序号	系统	配置建议	功能配置（注：●配置 ○选配 —无）		
			初级	中级	高级
1	供配电系统	具备供电系统高(低)压电气设备遥信、遥测、遥控、遥调、遥视信息的实时监控与电力调度功能	●	●	●
		井下主变电所、采区变电所均应设置电力监控系统	●	●	●
		具备数据采集、数据辨识、运行监控、峰谷电能计量和能耗统计功能	●	●	●
		系统具备电子挂牌、故障诊断预警功能	●	●	●
		具备智能高压开关设备顺序控制功能、防误操作和操作安全闭锁功能	●	●	●
		软件接口开放，数据可接入智能矿山综合管控平台	●	●	●
		井下重要配电点均应实现电力监控，具备防越级跳闸保护功能、选择性漏电保护功能、远程漏电试验功能	○	●	●
		系统具备在线故障录波、电能质量分析功能	○	●	●
		井下各变电所具备门禁系统	○	●	●
		主变电所电缆夹层、电缆井具有火灾自动报警功能	○	●	●
		主要变电所具备云巡视功能	○	○	●
		变电所具备自动防灭火功能	○	○	●
		具备智能告警、供配电设备故障自诊断、供电系统定值智能整定功能和云端大数据分析功能	○	○	●
2	供排水系统	具备远程、自动、手动等多种控制方式，实现各排水设备远程集中控制。具备两种可靠的引水装置及双水位双报警功能，配备视频监控系统	●	●	●
		监测系统的设备运行及电、水位、压力、真空度、温度、流量、振动等参数，实现智能运行、远程监控	●	●	●
		软件接口开放，数据可接入智能矿山综合管控平台	●	●	●
		污水处理系统监测水泵及管路的运行参数、设备状态、运行时间以及各流程环节，及时调节污水处理的各项参数的功能	○	●	●
		具备设备润滑功能	○	●	●
		具备离散排水点监控及多水平阶梯式联合排水智能监控功能	○	●	●
		具备管网监测功能，实现供水管路的压力、流量、水质等参数监测以及排水管路的流量等参数监测	○	●	●
		固定泵房具备自动防灭火功能	○	●	●
		固定泵房具备云巡视功能	○	○	●

表 11(续)

序号	系统	配置建议	功能配置 (注:●配置 ○选配 —无) 初级	中级	高级
2	供排水系统	实现设备预防性维护和检查,能够根据设备运行状况实时、动态地进行系统健康状态评估,提供智能运维计划和方案,实现智能化运维	○	○	●
		实现淤泥在线监测及自动清淤	○	○	●
		可根据涌水量自动调节排水泵运行台数,自动切换排水管路,能在线监测主排水系统及污水处理系统工序能耗,实现多台泵自动轮换工作控制	○	○	●
		通过压力、液位、振动、流量等多传感器和各系统数据融合实现按需供水	○	○	●
3	压风制氮系统	在线监测排气压力、排气温度、氮气浓度、流量、电参数、振动、风包压力、风包温度、压风机及阀门、水泵运行参数,具备数据存储、传感保护、故障报警、记录查询功能,实现远程监控,有远程、自动、手动等多种控制方式	●	●	●
		压风(制氮)机房及配电室配备视频监控及后备电源	●	●	●
		压风机及冷却水泵具备自动轮换运行、故障自动倒机、定时自动倒机和一键倒机、风包定期自动排污等功能	●	●	●
		软件接口开放,数据可接入智能矿山综合管控平台	●	●	●
		根据风压、风量需求决定风机工作台数,实现自动调风、氮气浓度调节	○	●	●
		具有能耗自动分析与计算功能	○	●	●
		压风(制氮)机房及配电室具备智能门禁功能	○	●	●
		压风(制氮)机房及配电室具备自动防灭火功能	○	●	●
		压风(制氮)机房及配电室具有云巡视功能	○	○	●
		实现设备预防性维护和检查,能够根据设备运行状况实时、动态地进行系统健康状态评估,提供智能运维计划和方案,实现智能化运维	○	○	●
		压风机采用变频调速控制	○	○	●
		具备管网压力及漏风监测功能	○	○	●

表 12　露天煤矿智能穿爆配置建议表

序号	设备	分项		配置建议	功能配置(注:●配置 ○选配 —无)		
					初级	中级	高级
1	穿爆设备	设计及设备管理	三维地质建模	根据地质建立三维模型	—	●	●
			钻孔设计	实现钻孔设计	●	●	●
			自动布孔	自动根据现场布孔	—	●	●
			药量计算	精确计算药量	●	●	●
			孔位智能布置	爆破作业孔位智能布置	—	—	●
			火工品单耗精确设计	爆破作业火工品单耗精确设计	—	—	●
			状态可视化	具备穿孔设备及钻机状态可视化监控功能	—	●	●
			故障诊断	可实现在线故障诊断	—	●	●
			远程监控与预警	可实现远程监控及危险预警	—	—	●
			接口与协议	所有的监测、控制和状态诊断提供开放的PLC、OPC、RS485 或 Modbus 接口	●	●	●
2	穿孔设备	钻头	位置监控	钻头位置精确监控	●	●	●
			自主导航	根据导航定位,规划钻头路径	—	○	●
			岩性识别	岩性智能识别	—	—	●
			精确定位	钻头精确定位	●	●	●
		控制系统	远程操作	远程操作穿孔设备	—	●	●
			智能控制	智能控制穿孔设备	—	—	●
			自主运行	具备自主行走运行控制功能	—	—	●
			行走速度	显示行走速度	●	●	●
			钻进速度	检测钻进速度数据	●	●	●
			回转压力	检测回转压力值	●	●	●
			数据采集	采集孔深、高程等生产数据	—	●	●
3	装药车	装药	接收钻孔定位	具备准确接收逐孔定位功能	—	●	●
			定量装药	具备定量自动装药功能	—	○	●
			精准装药	具备自动精准装药功能	—	—	●
			自主运行	具备自主行走运行控制功能	—	—	●
4	填塞机	充填	自动充填	具备自动充填炮孔功能	—	—	○

表 13　露天煤矿智能采剥(间断工艺)配置建议表

序号	系统	分项		配置建议	功能配置（注:●配置 ○选配 —无）		
					初级	中级	高级
1	单斗挖掘机智能化系统	网络通信	网络远程控制	① 通信基站在无明显遮挡情况下,实现 1 000 m 范围内信号全覆盖,传输时延为 10～50 ms,实时上行通信速率不小于 8 Mb/s,支持四维光场环境下的增强现实业务带宽和减少时延。 ② 智能通信终端满足 24 h 连续运行,记录数据不丢失、不遗漏和不重复,通信系统 7×24 h 平稳运行,广播丢包率不大于 1%	●	●	●
		线控系统	远程控制系统	开发单斗挖掘机远程控制系统,采集驾驶室座椅手柄操作信号、驾驶台控制按钮等人工操作信号,单斗挖掘机具备行走、回转、推压、提升、开斗、润滑、制动等机构的远程控制功能	○	●	●
			监测系统	单斗挖掘机回转机构增加电磁编码器,推压、提升等执行机构配置直线位移传感器,行走机构增加速度传感器,对单斗挖掘机各执行机构进行位移、角度、速度等的实时监测,实现单斗挖掘机执行机构动作监测反馈,辅助提高远程控制驾驶模式动作响应精度	○	●	●
			模式切换	将远程控制信号与有人驾驶控制信号进行识别区分,实现人工操作的最高优先级	○	●	●
			状态监测及报警	单斗挖掘机各主要控制元件上增加电流、电压、压力等监测传感器,实时监测电流、电压、压力等工作参数,采集故障信号,实现对单斗挖掘机运行状态监测及故障状态的报警	●	●	●
		作业环境实时采集与重构系统	光场数据采集	开发适用于露天煤矿单斗挖掘机远程控制的静态光场系统,实时采集采场信息,采用大光圈、大景深设备,保证粉尘和弱光环境下能稳定获取更好的图像效果、更大的深度范围和更高的远距离精度,同时具备粉尘透视能力和高光补偿能力	—	○	●
			光场校正	实时校正光场数据,消除机械加工、安装偏离等环境误差,实现现场环境真实还原,消除系统误差	—	○	●

表 13(续)

序号	系统	分项		配置建议	功能配置(注:●配置 ○选配 —无)		
					初级	中级	高级
1	单斗挖掘机智能化系统	作业环境实时采集与重构系统	光场同步	同步光场信息、数据输出,消除多台光场相机引起的运动数据显示误差	—	○	●
			光场数据融合	开发实时光场数据融合系统,将多个设备采集的不同光场数据同步融合为一个统一的全局光场环境,实现数据统一,达到场景数据的绝对一致性	—	○	●
			光场实时重构	通过实时重构系统,将融合后的全局光场数据内容进行解析,获得矢量光线信息、三维信息、二维信息等数据,同时与显示设备结合,对现场环境进行重构,实现人眼级别的真实场景还原	—	○	●
			光场数据压缩	通过数据压缩系统,压缩设备采集的原始光场数据信息和人眼与自然环境交互信息,提升系统实时性和传输效率,降低能耗	—	○	●
			裸眼三维融合	① 运用裸眼三维融合技术,避免头戴显示设备带来的疲劳感,达到现场驾驶的体验,提升驾驶水平。 ② 通过增强现实技术,将结构数据、状态数据等与场景叠加,为操作员提供更丰富的辅助信息	—	●	●
			声场感知系统	配备现场级声场感知系统,采集和存储高保真、全方位现场声音信息,并通过网络传输至远程控制智能驾驶舱回放,实现真实声场实时还原	—	●	●
			力反馈系统	配备力反馈传感系统,采集单斗挖掘机典型工况受力反馈信息,通过网络传输,实现在远程控制中智能驾驶舱对单斗挖掘机的离心力、加速、摇晃、颠簸等力反馈信息的真实还原,达到现场驾驶的体验,同时降低现场驾驶带来的疲劳感	—	●	●

表 13(续)

序号	系统	分项		配置建议	功能配置(注:●配置 ○选配 —无) 初级	中级	高级
1	单斗挖掘机智能化系统	作业环境实时采集与重构系统	系统远程控制端	采用增强现实技术驾驶座舱、裸眼三维显示器、声场感知扬声器、光场等信息融合反馈平台,实现信息实时融合展示,基于视觉追踪的实时光场信息智能编码,达到现场级沉浸式全场景还原	—	●	●
			运行监测系统	在单斗挖掘机各主要控制元件上增加电流、电压、压力等监测传感器,实时监测电流、电压、压力等工作参数,开发露天矿单斗挖掘机装备智能健康管理系统,对采集的运行状态信息进行数据解析等	●	●	●
			斗齿在线监测系统	安装相应传感器、视频识别系统等,实时在线监测单斗挖掘机斗齿健康状态,提高单斗挖掘机斗齿的使用寿命	—	●	●
			故障诊断系统	对单斗挖掘机进行在线实时故障诊断,指导维修人员及时进行设备更换、修理等	○	●	●
			故障预测系统	对单斗挖掘机进行在线实时故障预测,实现单斗挖掘机定期维护,提高设备零部件的使用寿命	○	●	●
			分析决策模块	分析单斗挖掘机关键性能参数,提供数据预测功能,预测数据未来发展趋势,提高单斗挖掘机的工作效率	○	○	●
			数据存储模块	实现存储数据冗余备份,保证系统可靠性,存储周期不小于 30 d	○	●	●
		障碍物识别系统	障碍物识别	安装激光雷达、毫米波雷达、摄像头等各类传感器,对单斗挖掘机 360°方向自动识别障碍物,及时提示设备控制系统作出判断,提高单斗挖掘机远程操控系统的安全性	○	●	●
			工作面实时监测	布设位移传感器等实时在线监测单斗挖掘机工作面,防止工作面滑坡等危害	○	●	●

表 13(续)

序号	系统	分项		配置建议	功能配置 (注:●配置 ○选配 —无) 初级	 中级	 高级
1	单斗挖掘机智能化系统	障碍物识别系统	防碰撞预警系统	安装高精度GNSS定位系统、倾角传感器、惯性雷达等各类传感器,开发单斗挖掘机防碰撞预警系统,提高单斗挖掘机安全作业性能	○	●	●
			传感器系统	包括LIDAR、倾角传感器、位移传感器、定位传感器等;LIDAR主要用于检测单斗挖掘机臂的周围环境,规划无碰撞路径;倾角传感器和位移传感器用于实现单斗挖掘机运动学解算,实现铲斗精准定位;定位传感器用于检测单斗挖掘机位置及姿态	○	●	●
			设备底层控制	包括车身控制器及执行机构,用于发送单斗挖掘机臂控制指令,实现对大臂、斗杆、铲斗等的精准控制	○	●	●
			逻辑通信层	是软件核心模块的中间件,能够实现程序架构之间的底层通信,包括消息订阅、消息解析、消息发布等	●	●	●
			软件功能架构层	① 感知系统。实现单斗挖掘机臂周围三维环境建模与点云成像,辅助规划铲臂路径。 ② 定位系统。解析RTK信号并融合IMU数据,对单斗挖掘机姿态进行实时计算,结合单斗挖掘机三维模型及坐标转换实现对铲斗的精准定位。 ③ 规划系统。装载时对铲车停车点进行实时路径规划,实现铲臂按照平滑曲率规划出无碰撞路径。 ④ 控制系统。通过多种自适应PID算法,实现对单斗挖掘机臂的平稳精准控制,辅助远程操作人员装载	○	●	●
			交互与应用层	部署UI界面,进行人机交互作业,具备铲车配对、入场召唤、故障上报、出场引导、车铲对位等功能	○	●	●

表 13(续)

序号	系统	分项		配置建议	功能配置（注：●配置 ○选配 —无）		
					初级	中级	高级
1	单斗挖掘机智能化系统	障碍物识别系统	协同控制	运用车铲自动装载对位精准定位、无碰撞路径规划及铲斗精准控制等技术，配置倾角、位移、定位等传感器，开发控制系统，实现单斗挖掘机位置及位姿的解算，达到车铲平稳动作、快速定位和装载	○	●	●
			铲斗精准定位	① 采用车规级 GPS/北斗差分定位系统、高精度惯性导航器件等车身定位技术装备，进行多传感器融合，实现车身精准定位。 ② 运用智能匹配模型算法，通过精准车身定位、高灵敏度传感器等，解算车铲位姿信息、卡车型号尺寸，结合熟练操作员的操作经验，制定车铲最佳装载点，实现铲斗精准定位。 ③ 定位精度要求达到厘米级	○	●	●
			铲臂运动路径规划	采用激光雷达、毫米波雷达等传感器，对单斗挖掘机周边环境进行数字图像建模，基于精确的数字地图信息，采用先进的规划算法进行无碰撞模拟，实现铲臂起点、终点及运行路径的智能规划	○	●	●
			铲臂控制	① 采用动力学前馈＋PID 反馈控制技术，读取回转机构、斗杆角度和行程传感器位置等数据，进行位置环 PID 运算。 ② 读取位姿传感器中回转、提升和推压机构的速度，运用传感器融合技术实现卡尔曼滤波，进行速度环 PID 运算。 ③ 建立单斗挖掘机动力学和铲斗控制模型，调节位置环和速度环 PID 参数，并将参数信息发送至机构控制电机，完成单斗挖掘机铲斗控制技术	○	●	●

表 13(续)

序号	系统	分项		配置建议	功能配置(注:●配置 ○选配 —无)		
					初级	中级	高级
1	单斗挖掘机智能化系统	电缆自动收放系统	移动式支架	用于固定和安装电铲尾线电缆可移式自动收放装置,采用变频电机驱动	●	●	●
			驱动总成	包含驱动电机、减速机构、绞盘等装置,驱动电机提供电缆自动收放动力,减速机构用于降速增扭,绞盘用于卷绕电缆	●	●	●
			启停装置	① 通过接受监测及控制,实现电缆收放启停。包含开关总成、离合器、制动器等,具备手动、自动切换功能。 ② 开关用于驱动电机手动控制,离合器用于绞盘电缆在电铲拖动下的自动外放,制动器用于绞盘停止转动	●	●	●
			导向装置	包含驱动机构、导轮机构,驱动机构调整导轮位置,导轮机构用于对回收电缆导向	●	●	●
			监测及控制装置	① 具备监测电铲电缆受力情况、自动控制电缆收放的功能。 ② 具备接收云端指令,执行综合调度管理系统的收放指令等功能	—	○	●
		机械故障智能诊断报警系统	齿轮箱实时监测	安装相应传感器,运用先进诊断技术,分析齿轮状态图谱,实现齿轮损坏及传动故障诊断报警	—	○	●
			轴承实时监测	安装温度、振动等传感器,运用先进诊断技术,实时监测轴承温度、振动等,实现轴承损坏及传动故障诊断报警	—	○	●
			结构件疲劳监测	在机械受力结构件加装应力、应变传感器,运用故障诊断技术,识别运行过程中力和应力变化,实现对结构件疲劳、损坏等的预判	—	○	●
			危险源监测	易燃、易爆等关键部位安装温度、烟雾等传感器,配置自动灭火装置,实现危险源在线实时监测,具备自动感应及远程控制功能	●	●	●

表 13(续)

序号	系统	分项		配置建议	功能配置（注:●配置 ○选配 —无）		
					初级	中级	高级
2	卡车智能化系统	车载无人驾驶系统	线控改造	① 保留原车的操作方式、功能及性能，无人和有人驾驶模式可自主切换。 ② 转向系统。高效执行控制指令，实时反馈转向角度。最小转弯半径不大于矿用卡车原最小转弯半径的 1.05 倍，转向角度误差不大于 0.5°，反馈周期不大于 50 ms。 ③ 驱动系统。前进、倒车、油门高效执行控制指令，实时反馈驱动挡位、油门开度数据，反馈周期不大于 100 ms。 ④ 制动系统。实现工作制动(行车制动)、动力制动(电制动)、驻车制动、紧急制动等制动功能线性控制，高效执行控制指令，实时反馈制动状态和制动强度数据，反馈周期不大于 100 ms。 ⑤ 举升系统。实现举升、迫降、锁止、浮动等货箱升降功能的线性控制，实时反馈货箱升降工作状态和货箱举升角度数据，举升角度误差不大于 0.5°，反馈周期不大于 100 ms。 ⑥ 行车警示系统。通过 CAN 总线控制转向灯、制动灯、前大灯、倒车灯、示廓灯、警示灯、蜂鸣器，指令能准确控制灯光、蜂鸣器等	●	●	●
			感知定位模块	在作业区域路口或车流量较大区域安装路侧感知单元，采用太阳能或可充电蓄电池供电，实现对交通流量、突发事件、交叉口、道路异物侵入、路面湿滑状态等信息的识别与采集，将感知结果实时传输给控制中心及周围车辆。感知定位模块的有效感知距离不小于 50 m，RTK 定位精度满足水平为($\pm 10 + 10^{-6}$) mm、垂直为($\pm 20 + 10^{-6}$) mm，路侧感知系统对障碍物有效检测区域半径大于 50 m，目标检测效率每秒不小于10 帧	—	●	●

表 13(续)

序号	系统	分项		配置建议	功能配置(注:●配置 ○选配 —无)		
					初级	中级	高级
2	卡车智能化系统	车载无人驾驶系统	决策模块	① 决策控制模块综合横向控制误差不大于0.5 m,速度控制误差不大于2 km/h。 ② 转向角度误差和举升角度误差不超过0.5°,转向角度反馈周期不超过40 ms。 ③ 驱动挡位、油门开度、制动状态、货箱举升工作状态、货箱举升角度等信息反馈周期不大于80 ms	○	●	●
			安全监测模块	具备开机自检、硬件故障检测、软件故障检测等功能	●	●	●
				对所有无人矿用自卸卡车及配套单斗挖掘机、推土机、平地机、有人驾驶车辆在矿区场景中的位置和状态信息进行可视化显示,在极端失控情况下可紧急动作	○	●	●
			控制模块	① 卡车转向与加减速控制过程稳定、平滑,不出现急转向、频繁加减速等状态,具备卡车循迹、速度跟随、倒车、举升等车辆控制功能。 ② 路径跟踪行驶横向误差不大于0.5 m,速度误差不大于2 km/h;自动泊位横向误差不大于0.5 m,纵向误差不大于0.5 m	○	●	●
			存储模块	实现卡车运行状态、故障、施工任务数据、地图数据等信息的存储与管理,数据储存周期至少7 d	●	●	●
			运行仿真模块	可实现智能排队、进场、停车、装车、出场等环节协同作业	●	●	●
			地图管理	自动采集无人驾驶行驶区域地形三维数据,将地形数据自动传输至地面控制系统,采场变化时,装载区、排土场、障碍物、变更道路区域的地图实时更新,更新时间小于2 min	—	○	●

表 13(续)

序号	系统	分项		配置建议	功能配置（注：●配置 ○选配 —无）		
					初级	中级	高级
2	卡车智能化系统	车载无人驾驶系统	智能管理系统	① 包括车铲自动匹配、全局路径规划、交通自动管理、设备监测安全管理、地图管理、数据统计分析等。 ② 系统高效调度管理无人卡车、单斗挖掘机、推土机、洒水车、指挥车等设备，实现协同作业	—	●	●
			路权管理	具备配置交通规则、路权管理功能，指导无人卡车编队行驶，有人或无人车辆有序行驶	—	●	●
			故障诊断	配置 I/O 模块和补充传感器，全面采集卡车运行状态信息，由线控系统控制器统一管理并完成故障诊断，诊断信息实时反馈至卡车和控制中心，反馈周期不大于 100 ms	●	●	●
			数据统计	具备生产作业数据统计、分析、管理及回放功能，自动生成统计报表，数据存储加密处理	—	●	●
			安全管理	① 具备地图管理、车辆调度、路径规划、运营监控、故障诊断与处理、远程控制、日志记录、数据统计分析、用户管理、设备管理、安全预警、外部系统融合等功能。 ② 地面管理与监控系统具备管理超过 100 台设备、支持后期扩容至 1 000 台的能力。 ③ 系统软件采用微服务架构，支持一键装机，分布式存储	—	●	●
			应急指挥系统	当智能化系统出现故障时，人工能够接管，保证系统稳定运行	—	●	●
		数据通信系统	网络	① 建设适合的网络，实现 V2N（车—控制中心）、V2V（车—车）、V2I（车—路）的车—路—控制中心的实时数据传输，通信时延少于 50 ms。 ② 通过网络实现传输冗余，采用 MEC 下沉园区、数据不出厂方式保障网络传输安全	●	●	●

表 13(续)

序号	系统	分项		配置建议	功能配置(注:●配置 ○选配 —无)		
					初级	中级	高级
2	卡车智能化系统	协同作业管理系统	单斗挖掘机协同	① 单斗挖掘机上安装协同设备及管理系统,实现单斗挖掘机与无人卡车的协同作业。 ② 系统能够指定准确的装车点位置和方向(方位或位姿),单斗挖掘机位置发生变化,能够自动规划装载区域中无人矿用自卸卡车行驶路径,装载点定位圆周误差不大于 50 cm,定向精度误差不大于 5°。 ③ 系统具备人机交互界面以及作业状态和故障信息上传功能	—	●	●
			辅助设备协同	① 推土机上安装定位、通信、显示等协同设备及管理系统,实现推土机与无人矿用自卸卡车的协同作业。 ② 系统能根据卡车位置及推土机位置等信息实时为无人卡车生成卸载区局部路径,引导无人卡车卸载	—	●	●
			有人驾驶设备协同	① 洒水车、平地机、指挥车等有人驾驶设备上安装协同设备,实现有人驾驶辅助车辆与无人卡车的混合作业。 ② 协同系统具备人机交互界面以及作业状态和故障信息上传、调度作业指令接收、信息提醒、电子围栏、行车预警与安全控制等功能	—	○	●
3	辅助设备智能化系统	整车电控化		运用整机电控化技术,进行整车电源、驻车、制动、发动机启停、油门增减、转向以及铲刀等系统电控改造,实现整机所有动作控制器控制,包括远程控制及无人化作业	○	●	●
		电子监测		融合电子监测与故障诊断系统,通过对设备运行各动作进行数据分析,在线显示整机通信信息,实现对整机状态的全面监测与分析,准确、快速判断故障点	○	●	●

表 13(续)

序号	系统	分项		配置建议	功能配置(注:●配置 ○选配 —无)		
					初级	中级	高级
3	辅助设备智能化系统	三维控制		通过 GPS 差分定位等技术,识别设备精确位置信息,通过导入的作业地图信息,确认各点高程,自动调整铲刀进给量,实现各点高程与作业地图相一致	○	●	●
		远程控制技术		车辆实时工况信息通过网络回传给远程操作室操作台,驾驶员在远程操作台发出控制指令,通过网络实时传输到设备控制器,远程在线实时控制设备行走、转向、制动等动作	○	●	●
		一键就位技术		基于视觉识别技术,通过摄像头采集现场图像,形成点阵发送至控制器,控制器计算输出电磁阀电流或通过油缸内置传感器控制油缸动作,实现铲刀侧立等复杂复合动作一键控制	—	○	●
		视觉识别技术		运用雷达、光场等感知技术,实时监测车身周围环境状况,分辨障碍物、机群车辆等因素,实现对施工路面的有效识别与障碍物避障处理	—	○	●
		定位导航技术	三维地图	建立动态实时三维地图系统,控制中心计算每台平地机的轨迹路径,结合 GPS 导航、视觉识别等技术,实现平路机等辅助设备自主驾驶	—	○	●
			GIS 矿山操作系统	运用采矿、航测遥感、地理信息系统、计算机、网络等技术,建设基于 GIS 的露天煤矿操作系统,开发矿山一体化管控平台,实现精确轨迹规划和作业控制,达到设备自主运行	—	○	●
		无人驾驶控制		建设一体化管控平台,感知辅助设备整机电控信息,具备辅助设备位置精准定位、障碍物识别与主动避障等功能,保证辅助设备按照系统设计好的路径及作业方式运行	—	○	●
		机群控制技术		建设协同作业系统,融合车铲协同作业系统,开发露天煤矿无人化机群作业平台,对无人化作业机群进行综合调度控制,实现生产效率最大化	—	○	●
		推土机自动找平技术		应用激光控制/GPS 三维高程控制自动找平系统,实现对铲刀升降系统的精确控制,实现平整作业	—	●	●

表14 露天煤矿智能采剥(半连续工艺)配置建议表

序号	系统	分项	配置建议	功能配置(注:●配置 ○选配 —无)		
				初级	中级	高级
1	智能破碎	破碎站	破碎站可实现远程操控、网络通信及状态监测;破碎机具有断电、过载、失速、堵料等保护装置	●	●	●
			给料机应具有过载、失速、断链等必要的安全监测装置	●	●	●
			实现数字化料斗、破碎站无人值守,卡车的智能卸载,给料机、破碎机可自适应协同调速	—	●	●
			自移式破碎站应具备自动对中、多设备同步移动,受料、排料部姿态自适应调整等功能,初步实现多设备集群协同控制	—	●	●
			建立设备的多重感知系统,能够实现设备故障的自诊断,建立对周边环境噪声、粉尘等监测、预警、诊断、控制"四位一体"的智能管控平台	—	○	●
2	智能输送	带式输送机	带式输送机具有完整的保护装置和视频监控,可实现远程监控	●	●	●
			采用变频驱动,可变张力张紧,可调速运行	○	●	●
			变频驱动装置、滚筒等具备自动油脂集中润滑系统	○	●	●
			胶带运输具备煤流智能监测,可实时检测带速、煤量、温度等	—	●	●
			具备可根据煤量自适应调速功能	—	●	●
			具备云巡视功能	—	○	●

表 15　露天煤矿智能采剥(连续工艺)配置建议表

序号	系统	分项		配置建议	功能配置(注:●配置 ○选配 —无)		
					初级	中级	高级
1	轮斗挖掘机智能化系统	轮斗挖掘机远程控制系统	网络通信	① 通信基站在无明显遮挡的情况下,实现 1 000 m 范围内信号全覆盖,传输时延为 10～50 ms,实时上行通信速率不小于 8 Mb/s,支持四维广场环境下的增强现实业务带宽和减少时延。 ② 智能通信终端满足 24 h 连续运行,记录数据不丢失、不遗漏和不重复,通信系统 7×24 h 平稳运行,广播丢包率不大于 1%	●	●	●
			自动控制	实现轮斗挖掘机的自动控制,在人为干预的前提下,轮斗挖掘机自动作业	●	●	●
			远程控制系统	轮斗挖掘机回转机构增加电磁编码器,推压、提升等执行机构配置直线位移传感器,行走机构增加速度传感器,对轮斗挖掘机各执行机构进行位移、角度、速度等的实时监测,实现轮斗挖掘机执行机构动作监测反馈,辅助提高远程控制驾驶模式动作相应精度。开发轮斗挖掘机远程控制系统,采集驾驶室座椅手柄操作信号、驾驶台控制按钮等人工操作信号,轮斗挖掘机具备行走、回转、推压、提升、开斗、润滑、制动等机构的远程控制功能	○	●	●
			视频监控	基于轮斗挖掘机设备内部监控摄像头,加装采剥工作面摄像头,传输视频数据至调度中心,进行远程监控	●	●	●
			模式切换	将远程控制信号与人工驾驶控制信号进行识别区分,实现人工操作的最高优先级	○	●	●
			自适应记忆切割系统	基于实时运行数据建立轮斗挖掘机自适应记忆切割模型,提高设备零部件使用寿命,达到减人增效的目标	○	○	●

表 15(续)

序号	系统	分项		配置建议	功能配置 (注:●配置 ○选配 —无)		
					初级	中级	高级
1	轮斗挖掘机智能化系统	轮斗挖掘机健康管理系统	运行状态监测系统	轮斗挖掘机主要控制元件上增加电流、电压、压力等监测传感器,实时监测电流、电压、压力等工作参数,开发露天煤矿轮斗挖掘机装备智能健康管理系统,具备对采集的运行状态信息进行数据解析等功能	●	●	●
			故障诊断系统	对轮斗挖掘机进行在线实时故障诊断,指导维修人员及时进行设备更换、修理等	●	●	●
			故障预测系统	对轮斗挖掘机进行在线实时故障预测,实现轮斗挖掘机定期维护,提高设备零部件的使用寿命	○	●	●
			分析决策系统	分析轮斗挖掘机关键性能参数,提供数据预测功能,预测数据未来发展趋势,提高轮斗挖掘机的工作效率	○	○	●
		障碍物识别系统		安装激光雷达、毫米波雷达、摄像头等各类传感器,对轮斗挖掘机 360°方向自动识别障碍物,及时提示设备控制系统作出判断,开发轮斗挖掘机防碰撞预警系统,提高轮斗挖掘机远程操控系统的安全性	●	●	●
		多机智能协同操作系统	轮斗挖掘机精准定位	① 采用车规级 GPS/北斗差分定位系统、高精度惯性导航器件等车身定位技术装备,进行多传感器融合,实现车身精准定位。 ② 运用智能匹配模型算法,通过精准车身定位、高灵敏度传感器等,解算转载机位姿信息,结合熟练操作员的操作经验,制定转载机最佳装载点,实现轮斗挖掘机精准定位。 ③ 定位精度要求达到厘米级	●	●	●
			转载机协同	① 转载机上安装协同设备及管理系统,实现转载机的协同作业。 ② 系统能够指定准确的装车点位置和方向(方位或位姿),轮斗挖掘机位置发生变化,能够自动规划转载机入料口位置变化,装载点定位圆周误差不大于 5 cm,定向精度误差不大于 5°。 ③ 系统具备人机交互界面以及作业状态和故障信息上传功能	○	●	●

表 15(续)

序号	系统	分项		配置建议	功能配置（注：●配置 ○选配 —无）		
					初级	中级	高级
1	轮斗挖掘机智能化系统	多机智能协同操作系统	受料车协同	① 受料车上安装协同设备及管理系统，实现受料车的协同作业。 ② 系统能够指定准确的装车点位置和方向(方位或位姿)，轮斗挖掘机位置发生变化，能够自动规划受料车入料口位置变化，受料车定位圆周误差不大于 5 cm，定向精度误差不大于 5°。 ③ 系统具备人机交互界面以及作业状态和故障信息上传功能	○	●	●
			辅助设备协同	推土机上安装定位、通信、显示等协同设备及管理系统，实现推土机与轮斗挖掘机远程控制的协同作业	○	●	●
			集群控制系统	运用轮斗挖掘机自动装载对位精准定位、无碰撞路径规划及铲斗精准控制技术，配置倾角、位移、定位等传感器，开发控制系统，实现轮斗挖掘机位置及位姿的解算，实现转载机平稳动作、快速定位和装载	○	○	●
2	排土机智能化系统	排土机远程控制系统	通信网络	① 在排土工作面建立通信基站，在无明显遮挡情况下，实现 1 000 m 范围内信号全覆盖，传输时延为 10～50 ms，实时上行通信速率不小于 8 Mb/s，支持四维光场环境下的增强现实业务带宽和减少时延。 ② 智能通信终端满足 24 h 连续运行，记录数据不丢失、不遗漏和不重复，通信系统 7×24 h 平稳运行，广播丢包率不大于 1%	●	●	●
			自动控制	实现排土机的自动控制，在人为干预的前提下，排土机自动作业	●	●	●
			可视化监控系统	基于排土机设备内部监控摄像头，加装采剥工作面摄像头，传输视频数据至调度中心，进行远程监控	●	●	●

表 15(续)

序号	系统	分项		配置建议	功能配置(注:●配置 ○选配 —无)		
					初级	中级	高级
2	排土机智能化系统	排土机远程控制系统	远程控制系统	在排土机主要控制元件上安装传感器,实时采集排土机回转角度、俯仰角度、功耗参数等。安装视频监视器,对来料参数、排弃位置、排弃高度、排弃宽度等排弃参数在线监测。开发排土机远程控制系统,采集驾驶室座椅手柄操作信号、驾驶台控制按钮等人工操作信号,实现对排土机行走、排料臂回转、俯仰控制等机构的远程控制	○	●	●
		排土机健康管理系统	故障诊断系统	排土机根据运行参数进行智能分析,在线实时故障诊断,指导维修人员及时进行部件更换、修理等	○	●	●
			故障预测系统	对排土机进行在线实时故障预测,实现排土机定期维护,提高设备零部件的使用寿命	—	●	●
		多机智能协同操作系统	协同控制系统	根据胶带运行参数、状态实现智能启停;运用激光扫描技术,根据胶带来料参数实现智能调频及连续系统高效协同	—	○	●
			排弃程序规划系统	采用激光雷达、毫米雷波等传感设备,对排土机周边区域进行数字图像建模,基于精确数字地图信息,通过算法实现排弃程序的智能分析与优化	—	—	○

表 16　露天煤矿灾害预警配置建议表

序号	系统	分项	配置建议	功能配置（注：●配置 ○选配 —无）		
				初级	中级	高级
1	边坡监测系统	深层位移监测	具备边坡深部变形、深层位移自动化监测功能，支持TDR、位移计、锚索应力监测、固定式测斜仪等监测传感数据的接入；支持监测不同深度的位移量，合理设置深层位移报警参数，从而对渐变过程进行有效分析，并可根据预警值实现自动报警。 ① 阵列式位移计监测：三维模式的量程为±60°；二维模式的量程为360°；精度为0.005°。 ② 固定式测斜仪监测：测量范围为±30°，分辨率为5″，精度为0.2% F.S.（F.S.为满量程）。 ③ 锚索应力监测：灵敏度不大于0.04% F.S.；测量精度为±0.25% F.S.	○	●	●
		地表位移监测（GNSS）	应用北斗卫星定位等精确定位数据，通过已知主站坐标，计算各个移动站（监测点）的坐标，比较各监测点的坐标变化，识别地表相对位移监测数据。监测系统可以按程序步骤监测限定阈值、变化速率、位移矢量变化等参数，同时可以通过监测变形体变形发展趋势（有序与无序状态），并结合多参数综合分析进行超限预警。 ① 静态相对定位精度（短基线条件下）：水平为2 mm+0.1 ppm、垂直为3 mm+0.4 ppm。 ② 静态/快速静态精度：水平为±2.5 mm+0.5 ppm、垂直为±5 mm+0.5 ppm。 ③ 动态RTK精度：水平为±10 mm+1 ppm、垂直为±20 mm+1 ppm	●	●	●
		合成孔径雷达	利用雷达与目标的相对运动把尺寸较小的真实天线孔径用数据处理的方法合成为较大的等效天线孔径，对可能发生的灾害进行预测，支持预测预警。监测精度为0.1 mm；监测距离为5 000 m；监测范围为60°×20°；距离向分辨率为0.5 m；方位向分辨率为4 mrad	—	●	●

表 16(续)

序号	系统	分项	配置建议	功能配置(注:●配置 ○选配 —无)		
				初级	中级	高级
1	边坡监测系统	真实孔径雷达	是一个实际天线在一个位置上接收同一地物回波信号的侧视雷达,对可能发生的灾害进行预测,支持预测预警。监测精度为 0.2 mm;监测距离为 3 500 m;距离向分辨率为 0.5 m;水平扫描方向最大为 270°,垂直扫描方向最大为 122°	—	●	●
		微地震监测	具备边坡爆破振动、边坡局部失稳及滑坡、地震实时监测功能,支持爆破前后根据监测对象与爆破点相对位置关系,掌握边坡区域内震荡损伤情况。对可能发生的灾害进行预测,支持灾害预测预警。传感器的频带下限小于 20 Hz、频带上限大于 2.2 kHz;灵敏度大于 220 V/(m·s^{-1});防护等级为 IP67;采集基站的采样率为 50～20 000 Hz;单个采集基站支持的传感器通道数不小于 6;分辨率为 24 位	○	○	○
		无人机监测	通过搭载雷达、倾斜相机等多元化模块,并可以和 GNSS、RTK 等进行融合解算,对边坡区域进行航测、巡检。对可能发生的灾害进行预警,支持预测预警。倾斜相机水平精度为 2～3 cm,高程精度为 7～8 cm;雷达水平精度为 1～2 cm,高程精度为 3～4 cm;航测成图最大精度为 1∶500。飞行时间为 2.5 h(搭载雷达)和 4 h(搭载相机);飞行最大高度为 1 000 km	—	—	○
		裂缝伸缩监测	具备对边坡等结构物的伸缩缝(或裂缝)的开合度以及结构物位移量进行监测的功能,支持预测预警。电位器式位移计的测量范围为 10～500 mm,分辨率不大于 0.05% F.S.,精度不大于 0.5% F.S.。拉线式位移计的量程为 0～400 mm,分辨率为0.01 mm,精度为±0.1% F.S.	○	●	●

表 16(续)

序号	系统	分项		配置建议	功能配置（注：●配置 ○选配 —无）		
					初级	中级	高级
2	智能疏干排水系统	监测系统	液位监测	对地表水体及地下水位进行自动观测，分辨率为 1 mm，精度为±0.5% F.S.	●	●	●
			流量监测	管道流量、压力监测	●	●	●
			设备状态监测	监测设备温度、电流、电压、声音、振动、开启状态等	●	●	●
			水文气象监测	建立地表水文气象站，观测降雨量、空气湿度、温度、地表温度、风速、风向、蒸发量等	—	○	●
		远程控制系统	降水井泵组控制系统	远程控制降水井启停、工作频率	—	●	●
			采掘场排水泵组控制系统	远程控制采掘场泵组启动数量、工作频率	—	●	●
			调配水系统	自动分配净污水、自动调配水资源	—	○	●
		可视化输出	可视化展示	实时三维地下水流场	○	●	●
			预报预警	预警水害，设备故障报警	○	●	●
			自动生成报表	自动输出自定义格式文件，导出相关数据	○	●	●
		露天矿水文地质数值模型		水文地质基础数值模型	—	●	●
				参数自动识别验证。预测地下水流场、辅助设计疏干方案	—	○	●

表 17　露天煤矿智能辅助配置建议表

序号	项目	分项	配置建议	功能配置 (注:●配置 ○选配 —无) 初级	 中级	 高级
1	地测采保障	地质资源管理系统	建立矿山地质三维模型,模型储量误差小于 5%	●	●	●
			实现资源储量的定期更新	—	●	●
			实现资源储量历史数据查阅、分析及动态管理	—	—	●
		测绘管理系统	无人机倾斜摄影开展露天煤矿无人化测绘,提高测绘效率(不小于 50%)	●	●	●
			建立地表、开采现状等三维模型(数字高程模型或实景模型),模型精度不大于 5 cm	●	●	●
			无人机自动起降、多终端远程控制,实现测绘成果在线生产、动态管理、实时更新	—	●	●
			实现开采现状等三维模型的定期更新及动态管理,实现工程量的计算及动态管理	—	●	●
			实现测绘数据自动获取及智能分析处理,三维数据云共享及与智能矿山其他建设内容的无缝集成	—	—	●
			实现露天煤矿采煤量和岩土剥离量自动快速计算	—	—	●
		采矿设计系统	建立采矿设计三维模型,实现基于模型的工程量计算及剥采比设计	●	●	●
			实现基于模型的采排规划、专项方案设计	—	●	●
			定制优化数学模型,实现露天煤矿排弃位置优化设计、采排路径优化设计等	—	—	○
		矿山数字孪生系统	建立地面生产系统及辅助设施三维信息模型,模型包含名称、尺寸等设计信息	●	●	●
			融合开采现状三维模型与地面生产系统及辅助设施三维信息模型,实现三维模型的轻量化浏览	●	●	●

表 17(续)

序号	项目	分项	配置建议	功能配置(注:●配置 ○选配 —无)		
				初级	中级	高级
1	地测采保障	矿山数字孪生系统	接入露天煤矿工程全生命周期各环节相关系统的数据与文档信息,实现工程信息与三维模型的一体化展示	—	●	●
			配置信息展现形式及内容,具备露天煤矿模型信息综合报表生成功能	—	●	●
			制订施工进度计划,模拟施工工序,实现露天煤矿地面工程快速、精准建设	—	—	○
2	智能供配电	自动采集	供配电系统内高(低)压回路配置电流(压)变送器或综合保护仪,在线采集电量并上传至电力调度系统	●	●	●
		实时传输	主变电所应实现高(低)压电气设备遥信、遥测、遥控、遥调、遥视信息在线监测及远程实时传输和可视化监控	●	●	●
		远程监控	变电所远程集中监控,无人值守,有人巡视	●	●	●
		智能分析	供配电系统具备电子挂牌、在线电能质量分析、数据采集、运行监控、峰谷电能计量和能耗统计等功能	○	●	●
		快速隔离	车间变电所具备防越级跳闸、自动故障定位、快速故障隔离等功能	○	●	●
		有人巡视	高压架空线实现有人巡视功能,可配合无人机进行远程巡视	○	●	●
		智能调度	供配电系统具备智能调度功能,可实现对配电网态势进行感知,并对系统运行状态趋势进行分析及预测	○	○	●
		智能告警	变电所具备智能告警、自动防灭火等功能,实现远程实时集中监控	○	○	●
		云巡视	高压架空线、主变电所、车间变电所等关键部位要求无人值守,实现云巡视	○	○	●

表 17(续)

序号	项目	分项	配置建议	功能配置(注:●配置 ○选配 —无)		
				初级	中级	高级
3	道路维护	电子监测	融合电子监测与故障诊断系统,通过对设备运行各动作进行数据分析,在线显示整机通信信息,实现对整机状态的全面监测与分析,准确、快速判断故障点	○	●	●
		远程控制技术	车辆实时工况信息通过网络回传给远程操作室操作台,驾驶员在远程操作台发出控制指令,通过网络实时传输到设备控制器,远程在线实时控制设备行走、转向、制动等动作	○	●	●
		定位导航技术	建立动态实时三维地图系统,控制中心计算每台平地机的轨迹路径,结合 GPS 导航、视觉识别等技术,实现平路机等辅助设备自主驾驶	—	○	●
		平地机自动找平技术	应用激光控制/GPS 三维高程控制自动找平系统,实现对铲刀升降系统的精确控制及平整作业	—	○	●

表 18　智能选煤厂配置建议表

序号	项目	分项	配置建议	功能配置（注：●配置 ○选配 —无）		
				初级	中级	高级
1	基础平台	技术平台	建立标准数据库，实现数据库之间的互通，结构化数据采用关系型数据库、非结构化数据根据数据性质存储，须满足后续数据分析的读取及数据量增长需求。同时，数据库应使用冗余备份等策略，满足安全需求	○	○	●
		标准数据平台	① 包含标准数据库、基础数据集成与管理系统、标准数据分析与决策系统及管理信息统计系统。 ② 标准数据处理与换算方法符合 GB/T 25742.2—2013 要求，并通过原始基础数据进行换算	○	○	●
		专家知识库	通过收集、筛选和整理选煤领域知识与经验，形成选煤标准规范，知识库包含选煤知识、专用算法、曲线绘制方法、分析与评价方法、生产管理与控制专家经验等，具备调用、共享等功能	○	●	●
		手持终端	① 根据实际需要给相关人员配置手持终端，覆盖各车间主任、技术员、班长、包机长、巡检工和集控员（岗位交接）等岗位，终端利用无线网络传输，功能定制。 ② 实现生产信息的实时同步获取及生产设备的分布式操控管理	●	●	●
		管理平台	具备故障预警及故障诊断功能，实现巡检记录、润滑记录、故障等定时、定人、定岗推送，通过分析在线监测报警信息，自动生成设备缺陷、故障报警及检修建议计划，同时结合设备运行状态自动生成设备健康评估报告，通过报表、曲线等形式可视化展示设备运行状态	—	○	●
			建立保护装置试验检查标准，定期生成保护试验任务，同时与工控机程序进行闭锁，实现自动监控	—	○	●

表 18(续)

序号	项目	分项	配置建议	功能配置(注:●配置 ○选配 —无) 初级	中级	高级
1	基础平台	管理平台	建立生产调度指挥和通信平台,平台与移动终端互联互通	○	●	●
			使用云平台(虚拟集群),统一对计算机资源、应用软件进行分配部署	○	●	●
			建立集中的用户管理平台,集中管理选煤厂各信息系统的用户数据,实现信息系统用户的集中认证、单点登录	—	○	●
		一体化管控平台	建立一体化管控平台,涵盖选煤厂可视化、安全生产过程实时监控、安全生产业务管理、异常分级预警及联动处置、安全生产数据看板、安全生产决策分析等业务,支撑选煤厂安全、生产业务协同及融合,具备一平台、不同场景、多维度集中展示功能	—	○	●
2	自动控制系统	远程集控系统	建立远程集控系统: ① 主要生产设备、阀门、闸板、翻板等辅助设备可根据工艺需求,远程发送指令自动调控生产流程,具备生产故障快速诊断报警和判断故障性质、安全报警、分级定点推送到岗等功能,实现远程集中控制、一键启停。 ② 除尘系统实现自动化控制,并与主系统实现连锁控制	●	●	●
		计量系统	① 以区域主要煤流可称重计量为原则,根据工艺流程实际情况设置原煤与产品胶带秤,仓储设施(储煤棚除外)配置物位或重量自动检测设备。 ② 建立生产用水、用电、用药(油)、用介等自动计量系统	○	●	●

表 18(续)

序号	项目	分项	配置建议	功能配置（注：●配置 ○选配 —无）		
				初级	中级	高级
2	自动控制系统	检测系统	根据带式输送机、破碎机、刮板输送机、离心机、振动筛、风机等设备、设施特征，配置振动、压力、温度等传感器	○	●	●
			建设在线点检系统，具备采集并上传数据至智能管理系统进行分析、报警、推送等功能	○	●	●
			在入洗原煤、中间产品煤、商品煤的带式输送机上安装在线灰分监测设备	○	●	●
			通过监测离心液粒度等数据，实现离心机筛篮破损检测。通过监测浓缩分级旋流器溢流煤泥粒度，实现浓缩分级效果监测	—	○	●
		照明及人员定位系统	① 照明灯具有自动启停功能。 ② 建立人员定位系统，具备标准通信接口，满足定位精度需求	○	●	●
		供风及供排水系统	① 实现空压机房无人值守、远程监控和空压机恒压供风、轮流启停。 ② 泵类与风机系统轴封水与设备联动，同时实现压力控制，泵类设备的前后阀门与泵联动控制，扫地泵实现依靠液位自动控制	●	●	●
			轴封水管路增加电磁阀和流量开关	—	○	●
		高低压综保系统	将主要设备高低压综保后台系统数据接入设备管理系统，开发应用功能，具备运行电流异常预警、报警，趋势分析等功能，且信息可推送至手持终端	○	●	●
		除杂系统	开发机械手除杂装置或除杂机器人，替代人工捡杂、排矸	—	○	○
			带式输送机配置金属探测装置	○	●	●
			运用灰分、粒度在线监测设备，开发排矸系统，将各种杂物信息录入系统，分析排矸、捡杂效果，优化设备及系统功能，提高杂物识别率	—	○	●

表 18(续)

序号	项目	分项	配置建议	功能配置(注:●配置 ○选配 —无)初级	中级	高级
2	自动控制系统	安防系统	① 完善原有重点部位火灾识别与消防系统,安装红外热成像探测器等装置,在易发生火灾区域,安装在线感温、感烟监测装置,在电缆桥架、输煤系统传送带沿线安装缆式测温装置,具备破碎站、带式输送机走廊、驱动间、拉紧间、变压器室、配电室等部位的超温识别、火灾探测和消防功能。 ② 运用高清黑光或热成像摄像头,实现带式输送机走廊越线、不安全行为、个人安全防护检测、设备实时温度的巡视报警	●	●	●
		视频识别系统	主要生产区域、关键设备、危险区域、刮板输送机、带式输送机等重要部位安装具有变焦功能的数字网络摄像机,且像素不小于 200 万,具备人员越界报警、胶带跑偏洒料、物料粒度超限等视频分级报警闭锁功能	●	●	●
			使用工业相机实现刮板输送机链条飘链、拉斜、断链、杂物在线监测分级报警闭锁功能	—	○	○
			具备报警前后视频信息自动存储、发布功能,具备图像识别报警闭锁,视频联动控制停机等功能,同时故障、报警可分级、分权限推送至手持终端和 PC 端	○	●	○
			研发多功能摄像机,将安防与视频识别系统融合	○	○	●
		环境监测系统	① 在有害气体易集聚场所和粉尘浓度高的区域,分别安设在线瓦斯、一氧化碳等有害气体及粉尘在线监测装置。 ② 冲洗水系统实现自动控制	●	●	●

表 18(续)

序号	项目	分项	配置建议	功能配置(注:●配置 ○选配 —无)		
				初级	中级	高级
2	自动控制系统	先进保护装置	对空溜槽、带料溜槽和堵料溜槽分别进行测试、标定并设置报警阈值,通过检测溜槽内部物料的运行状态,实现机头溜槽堵料报警,防止机头溜槽堵塞	—	○	●
			配备可靠的防撕裂装置,识别胶带撕裂和划痕	—	○	●
3	数据采集与传输	基础数据	① 智能控制系统采集选煤厂各工艺环节的在线数据(包括主要生产过程中的生产参数、设备运行数据、物料性质参数等)和离线数据(包括选煤厂离线化验数据、点检数据、设备基本信息、检修维护数据、检测检验数据、工艺研究的实验数据以及其他相关数据)。 ② 设备信息包括基本信息、健康状态信息、维护保养信息、报警信息、检修信息、特种设备或工器具管理信息和预警信息等	●	●	●
		数据存储	在线实时数据和离线数据分别存储在标准选煤数据平台,保证时间维度同步,基础信息以标准数据格式与要求存储在历史数据库中,存储频率根据不同工艺环节确定	●	●	●
		数据采集传输要求	① 生产系统及设备运行信息和生产数据分系统在线采集。 ② 原煤和产品的煤质信息分生产系统、分工艺环节采集。 ③ 消耗信息分车间、分班组、分系统在线计量。 ④ 根据实际保证各类数据实现自动采集,确保数据实时性、可靠性和准确性;在数据产生点导入离线基础数据。 ⑤ 运用先进数据处理技术,实现视频监控、调度通信、生产监控、MES 等系统数据共享和联动	●	●	●

表 18(续)

序号	项目	分项		配置建议	功能配置(注:●配置 ○选配 —无) 初级	中级	高级
3	数据采集与传输	数据采集接口标准		① 硬件层:自动化控制设备应支持 Modbus TCP、Modbus RTU 或 OPC 等主流通信协议及对应的通信端口,提供清晰准确的相关参数和点表,对监测数据联网等接口需求安全开放。 ② 软件层:上位机软件提供 OPC 服务、网络型关系数据库、ftp 文本数据文件上传等数据接入方式。 ③ 软硬件层提供清晰准确的参数、数据库结构等信息,对监测数据联网等接口安全开放	○	●	●
4	智能分析决策	智能控制	重介智能洗选	① 灰分闭环控制系统以悬浮液密度为被控制量,以精煤胶带在线灰分仪监测数据为控制及检验依据,系统具备手动和自动切换模式,手动切换模式具有优先级;闭环系统具备灰分死区设定功能,避免灰分闭环控制系统频繁调节,造成密度不稳定、灰分波动,影响补水阀寿命等问题。悬浮液密度波动范围为±0.005 kg/m^3。 ② 在合介管路、磁选尾矿管路、稀介管路、重介旋流器等部位安装磁性物含量计,探测磁性物含量变化。 ③ 配置智能加介系统,实现介质自动添加,对介质添加量、稀释水量等进行自动计量	—	○	●
				对原煤煤质历史、实时数据进行对比分析,建立重介数学模型,自动生成可选性曲线,预测给定分选密度,实现循环悬浮液密度随煤质变化自动调整	—	○	○
				利用在线数据自学习功能,根据原煤或产品煤灰分反馈调节循环悬浮液密度设定值,自动优化重介环节预测数学模型	—	—	○

表 18(续)

序号	项目		分项	配置建议	功能配置 (注:●配置 ○选配 —无)		
					初级	中级	高级
4	智能分析决策	智能控制	跳汰智能洗选	分析原煤、产品煤煤质,给料、风水、排料等数据(含实时数据和历史数据),建立跳汰数学模型,根据原煤煤质资料和产品指标,预测给定跳汰环节的工艺参数,根据原煤或产品灰分实时调节给料、风水、排料等装置参数,实现产品质量稳定	—	○	○
				利用在线数据的自学习功能,不断优化跳汰环节的预测数学模型	—	—	○
			智能浮选	检测浮选药剂加药量、入浮浓度、流量、有效泡沫层厚度、灰分,建立浮选自动加药数学模型,根据入料性质和产品指标,自动预测和给定浮选环节加药比例、充气量、泡沫层厚度等参数	—	○	●
				利用在线数据自学习,自动优化浮选环节的预测数学模型,实时调整加药量、加药比例、充气量和液位等数据,实现浮选智能控制	—	—	○
			智能浓缩	检测分析浓缩机加药量、入料浓度、流量、粒度、浓缩池煤泥水分层状况、溢流液浊度等参数,建立浓缩加药数学模型,结合入料性质预测和给定药剂添加量,同时加药后澄清层高度与浓缩机的工作状态联动,根据澄清循环水的分层状况实时调节加药量和加药比例,实现浓缩工艺高效	—	○	●
				利用在线数据自学习功能,自动优化浓缩环节的预测数学模型,实现智能泥煤水加药	—	—	○
			智能压滤	① 对压滤系统及上下游设备信息、控制信息、煤泥水浓度、流量等信息进行分析,自动生成控制策略,将压滤机控制系统组网,实现压滤机群智能排队、协同作业、移动监控。 ② 配置滤液水粒度检测报警装置,实现滤布破损、黏料自动报警	—	●	●

表 18(续)

序号	项目		分项	配置建议	功能配置(注:●配置 ○选配 —无)		
					初级	中级	高级
4	智能分析决策	智能控制	智能采制样	快速装车站安装智能采样系统,具备采样、制样、弃样等功能。在各采样点配全自动彩样、制样机,并将电子天平等设备通过物联网与数据采集点通信,实现煤样在线分析、化验,实现自动读取原始化验数据,自动生成煤质报表	●	●	●
			智能装车	① 运用图像、激光、红外等先进检测技术,具备信标定位、偏载检测、图像识别、车地无线通信、三维煤仓、在线煤质检测等功能;开发精准配煤、杂车混编装车、偏载自动反馈调节等软件,实现车号自动识别、车辆精准定位、智能装载、智能称重,并对装车质量及装车效果进行评价。② 根据装车速度自动修正配煤速度,根据煤种、车辆运行情况自动调整封尘剂喷洒量及浓度,根据气候条件自动调整防冻液喷洒量及密度,结合用户需求、产品存储情况和产品指标,最终实现自动化配煤。③ 配置汽运装车远程监控系统,具备汽车衡自动称重、自动语音指挥、称重图像实时抓拍、红绿灯控制、防作弊、道闸控制、远程监管等功能	○	○	●
			智能仓储与配煤	根据煤种、发热量、可选性、炼焦性等煤质特性开发数学模型自动分配仓储,配合仓上移动胶带实时定位系统、刮板卸料口插板开度控制、三维料位检测,实现仓上无人化自动仓储	○	●	●
				给煤机具备煤量自动可调节功能;在原煤带式输送机胶带相近落料点间合适位置安装胶带秤或采用称重给煤机,调节原煤仓给煤量实现比例配煤	—	○	●
				将原煤可选性、炼焦性,煤质特性(粒度组成、密度组成、煤质和精煤煤质数据)、精煤产率、仓储等量化,建立数学模型,实现配煤方案自动生成	—	○	●
				开发智能配煤软件,根据配煤方案自动调节给煤机给煤量,实现配煤工艺稳定和产品效益最大化	—	—	○

表 18(续)

序号	项目	分项		配置建议	功能配置(注:●配置 ○选配 —无)		
					初级	中级	高级
4	智能分析决策	智能控制	三维可视化指挥中心	将厂区主要建筑物、机电设备等进行三维数字建模,建立可视化指挥中心,集中展示生产管理、生产控制、视频监控、设备点巡检、能耗计量等系统数据	○	○	●
			智能停送电系统	实现停送电审批无纸化、有序化,集中控制远程化,具备检测、分析、预警及事件查询,实时监测负荷运行参数,分析电能质量和能耗等功能(改造厂根据现有条件选配)	●	●	●
				配电室安装门禁系统,研发云巡视或运用先进的巡检技术,实现巡检作业无人化	—	○	●
			智能巡检	开发带式输送机沿线或重点区域及主要设备实现云巡视,利用视频摄像机,声音、气体、红外传感器等检测装置,实时采集电机、滚筒、工作环境温度、气体参数等信息,并将采集后的信息传送到远端视频服务器或中心服务器进行处理,分析判断带式输送机存在的问题,具备预警提示和报警推送等功能,实现带式输送机沿线云巡视代替人工巡检	○	●	●
				运用先进传感器等感知技术,开发具有自供电、自行走、智能感知、智能决策、智能执行、故障识别、控制决策、预警报警、简单故障处理、人机互动等功能的复杂环境云巡视,使其代替人工巡检	—	○	○
		智能管理	生产管理	采集生产时间、事故、仓储等信息,生成统计图表,汇总分析每日生产作业计划存在的问题,自动形成调度日志、日报、值班、排班、交班、停送电、临时检修、报警处理等内容的处理文档,纠正决策意见执行偏差,实现智能生产管理	●	●	●
				搭建生产协同管理系统,根据原料煤、产品煤及销售情况,建立生产计划模型,实现自动推出生产组织计划,同时具备安全与职业健康管理、节能与环保管理等功能	—	○	●

表 18(续)

序号	项目	分项		配置建议	功能配置(注:●配置 ○选配 —无)		
					初级	中级	高级
4	智能分析决策	智能管理	煤质管理	运用智能检测化验设备及洗选技术,采集原煤、产品煤质量信息及各类试验数据,生成煤质图表,计算、分析煤质问题,给出生产指导策略	●	●	●
			运销管理	采集原煤及销售产品煤量、用户信息、储运信息等,统计分析入厂原料煤来源与数量、产品销售量、清车与装车过程等信息,生成统计图表,分析原料煤、商品煤来源及去向变化趋势,查找原因、指导装运	—	○	●
			机电管理	应实现设备的采购、运行和维护、报废等全生命周期管理。 ① 日常管理。机电基础管理指标实现在线采集,机电信息化系统具备预警、提醒、推送和统计分析功能。 ② 运行管理。采用在线监测技术对设备状态进行分析,具备自动预警、故障自动分析诊断、状态记忆分析、维修策略自动生成及任务推送等功能	●	●	●
				设备管理包括以下两类。 ① 机械设备:三相异步电动机、传动和从动部位及设备轴承配置温度、振动等传感器。 ② 供配电设备:高低压供配电设备应具有双向标准通信接口和协议,具有综合保护、过流、漏电、接地保护功能,高低压配电室实现无人值守,应具备温度、湿度、烟雾监测和控制,应采取密闭和除尘措施,建立高、低压后台管理系统,高压柜的停送电操作宜具有分、合闸远程控制功能,应具有供电系统供电回路故障诊断功能	○	○	●
		智能决策	生产情况分析	对产品指标与控制参数的先进性、工艺的合理性进行评价,针对存在的问题给出优化解决方案。分析原煤性质,进行各种理论指标计算与煤质历史数据分析,明确原煤数量、质量与变化情况,分析分选效果与变化趋势、洗选产品、商品煤质量与变化趋势、设备运行情况等	—	○	●

表 18(续)

序号	项目	分项		配置建议	功能配置（注:●配置 ○选配 —无）		
					初级	中级	高级
4	智能分析决策	智能决策	经营情况分析	对指定时间段内的原料、产品、消耗、成本、销售、财务等指标进行全面分析,给出经营情况分析报告,针对问题给出应对措施	—	○	●
			工艺效果评价	利用离线和在线数据,逐项评价各工艺环节、设备的工艺性能与效果,评定各工艺环节或者设备的工艺性能水平等级,排查影响产品质量和分选效率的症结	—	○	●
			生产指标预测	根据入厂原煤质量信息,对入选原煤质量情况进行预测,完成主要产品指标、分选环节工艺参数、操作参数的在线或离线预测,并实现优化计算,根据分选指标、销售价格、消耗情况等,预测生产方式、产品结构、经济指标	—	○	●
			产品结构优化	按煤层、煤种、工艺系统、选煤方法等预测产品结构,根据现有原煤质量情况、设备分选性能、设备操作水平等,预测分选产品的结构组成情况,并对分选产品结构进行优化。根据市场需求、原煤性质、经济效益、生产成本、流程灵活性等,进行不同生产环节、不同产品结构配合方案优化,获得最佳生产组织方式与产品组合	—	○	●
			经济效益预测	根据现有原煤质量情况、设备分选性能、设备操作水平、分选指标或产品指标、成本构成情况,预测分选产品的经济效益情况	—	○	●

附录二　国家能源集团煤矿智能化建设验收评级及奖励办法(试行)

为深入贯彻落实习近平总书记“四个革命、一个合作”能源安全新战略和集团公司“一个目标、三型五化、七个一流”发展战略，按照国家八部委《关于加快煤矿智能化发展的指导意见》和集团公司《国家能源集团关于进一步加快煤矿智能化建设的通知》要求，结合集团公司煤矿智能化建设实际，特制定本办法。

第一条　本办法用于规范煤矿智能化建设评级、奖励，明确煤矿智能化项目申报流程、评级标准、奖励额度。

第二条　本办法适用于集团公司及所属分公司、全资子公司、控股公司[以下统称“子(分)公司”]下属的生产和试运转煤矿(含选煤厂)，在建煤矿(含选煤厂)参照执行。

第三条　煤矿智能化领导小组是评级及奖励的最高决策机构，审批评级结果及表彰奖励等重大事项；煤矿智能化办公室是评级验收的日常管理机构，负责制定评级奖励标准、组织评级验收、评选先进个人(集体)。

第四条　建设标准参照《国家能源集团煤矿智能化建设指南(2022 版)》(以下简称《指南》)。

第五条　煤矿智能化建设评级项目分为：井工煤矿、露天煤矿、选煤厂；井工煤矿包括基础设施、透明地质、智能采煤、智能掘进、灾害预警、智能通风、智能运输和智能辅助；露天煤矿包括基础设施、智能采剥、智能穿爆、灾害预警、智能辅助。评级结果分初、中、高三个等级，分值如下：

初级：60 分(含)～75 分；

中级：75 分(含)～85 分；

高级：85 分(含)～100 分。

第六条　煤矿智能化建设评定及奖励按子(分)公司自评、集团公司验收与奖励的程序进行。

(一) 自评。子(分)公司按照煤矿智能化建设项目评分表(附件 1～附件 4)进行自评，填写煤矿智能化建设项目验收申报书(附件 5)，报集团公司煤矿智能化办公室申请验收。

（二）验收。集团公司煤矿智能化办公室接到申请后30个工作日内组织现场验收，出具验收评级意见；专家组由集团及子（分）公司煤矿智能化相关人员组成，专家选择采取本单位回避原则，成员不少于7人且为奇数。

（三）奖励。验收评级结果及奖励方案经集团公司煤矿智能化领导小组批准后实施。

第七条　奖励标准。

（一）井工煤矿、露天煤矿达到初级的奖励80万元；达到中级的奖励100万元；达到高级的奖励120万元。选煤厂达到初级的奖励20万元；达到中级的奖励40万元；达到高级的奖励60万元。

（二）分别对井工煤矿智能采煤、智能掘进、灾害预警、智能通风4个系统和露天煤矿智能采剥、智能穿爆、灾害预警3个系统进行单项奖励，初级奖励20万元、中级奖励40万元、高级奖励60万元。

第八条　集团公司对煤矿智能化建设工作有突出贡献的先进个人和先进集体进行年度表彰，颁发荣誉证书，奖励名额为先进个人50名、先进集体10个。

第九条　子（分）公司依据或参照本办法自行制定具体奖励细则。

第十条　本办法由集团公司煤矿智能化办公室负责解释。

第十一条　本办法自发布之日起实施。

附件：

附件1～附件4为煤矿智能化建设项目评分表；

附件5为煤矿智能化建设项目验收申报书；

附件6为煤矿智能化建设项目评分汇总表。

煤炭与运输产业管理部

煤矿智能化办公室

2022年1月4日

附件1

基础设施评分表

煤矿名称：　　　　　　　　　　　　　　　　　　　　　　　　　验收日期：

序号	考核内容	标准分	得分
一	智能一体化管控平台	45	
1	具备统一身份管理及认证服务、生产主数据管理服务、统建系统统一接口服务功能，实现系统间互联互通、流程协同、消息推送	5	
2	具备一体化生产计划编制、原煤生产作业闭环管理、协同调度、设备全生命周期管理、标准作业流程、班组日常管理等生产执行信息化管理功能	6	
3	具备对煤矿主要生产环节、环境、人员定位、地质情况、重大灾害等信息自动采集全流程的实时监控及预警	10	
4	具备对采煤等关键作业环境实时感知、精准分析、自主决策和协同控制的能力，生产运行过程自运行，实现异常监管、全局优化和动态调控	6	
5	建成基于工业互联网的决策支持承载平台，具备模型库、算法库和AI学习能力，并为各子系统提供智能决策	2	
6	具备设备、生产、运营等模型算法，实现生产运营信息动态可视化及联动分析	6	
7	根据实际业务场景灵活配置联动数据，实现语音报警、报警推图、视频联动、设备联动	5	
8	建立统一的系统接口标准，自主适配标准工控设备、非标准设备系统、语音设备系统、流媒体视频监控等设备系统，具有冗余采集和容错机制	5	
二	煤矿云计算数据中心	20	
1	数据中心机房达到C级及以上要求	2	
2	关键系统具有虚拟化管理、双机互为备份等功能	1	
3	数据计算、存储资源满足智能化建设子系统业务量，支持统一存储和分布式存储形式	3	
4	具有多源异构数据采集、存储能力	2	
5	具备视频监控类、环境感知类、设备控制类系统标准化接入和访问能力	1	
6	生产集中控制系统、安全集中监测数据接入数据中心	3	
7	具备符合集团安全防护要求的集团数据上传通道	3	
8	实现安全监测、人员或车辆定位、环保监测、固定位置重要设备、可移动重要设备数据标准化，并具备上传接口	5	
三	通信网络	20	
1	办公网络具备虚拟化集群、冗余电源、冗余主控板卡	1	

续表

序号	考核内容	标准分	得分
2	办公网络具备万兆主干链路，关键设备冗余电源、风扇	2	
3	办公网络具有网络准入认证、智能运维及分析功能	2	
4	办公网络具有独立安防视频专网	1	
5	安全监控环网：千兆以上主干，独立组网，环网愈合时间≤50 ms	2	
6	工控以太环网：千兆以上独立环网，环网愈合时间≤50 ms、冗余核心	2	
7	工业视频专网：千兆以上主干网络，独立组网	2	
8	有线调度系统具有强插、强拆、监听、直通、录音回放、录音查询等功能，支持无线对接、出局对接	1	
9	具备穿戴设备、多媒体等多融合的语音调度通信功能	1	
10	应急广播具有定点和定时广播、多路和分区广播、自动广播和紧急广播功能	2	
11	4G 或 5G 覆盖，Wi-Fi 无线网络按需覆盖	2	
12	无线语音通话、运营商语音对接，有线无线融合调度	2	
四	网络安全	15	
1	不同网络间要设置物理或逻辑隔离，对网络进行分区分域管理。工控网与办公网、广域网间有数据同步或上传需要的，部署单向隔离装置	3	
2	具备网络安全设备配置、日志审计的管理能力，有关日志留存不小于 6 个月	2	
3	业务系统与互联网发布系统通过网络安全等级保护测评	1	
4	具备网络态势感知、漏洞扫描、流量分析、威胁检测与攻击可视化的能力，具备一定的网络安全事件应急处置能力	2	
5	服务器与主机具备防病毒能力，同时具备升级防病毒软件、系统补丁、安全规则库能力	1	
6	具备数据安全及备份管理能力，对数据采取权限控制、安全加密、数字签名、安全审计、数据脱敏等技术措施，实现数据全生命周期的安全	2	
7	具备重要数据备份能力，并有数据备份测试、验证记录	1	
8	具备常态化网络安全运维保障，定期开展资产梳理、漏洞扫描、应急响应、安全监控和安全配置核查等工作	1	
9	具备风险评估与基础网络安全攻防能力，定期开展网络安全检查、渗透测试、攻防演练等工作	1	
10	对新上线的应用系统完成上线前安全检测与代码安全审计工作，并形成记录报告	1	
合计		100	

验收人员：

附件 2-1

井工煤矿透明地质评分表

煤矿名称：　　　　　　　　　　　　　　　　　　　　　　　　验收日期：

序号	考核内容	标准分	得分
一	勘探技术	30	
1	应用煤矿井下地质、探放水的勘探技术及设备	10	
2	勘探设备具有数据自动采集、上传、存储功能	12	
3	具备采掘工作面前方地质异常体动态探测的技术	4	
4	具备采掘工作面前方地质异常体实时监测的技术	4	
二	软件功能与数字化工程	70	
1	具备历史资料数字化功能	6	
2	具备多源数据融合功能	6	
3	具备动态数据实时更新功能	6	
4	具备地层及构造地质几何建模功能	6	
5	具备模型剖切功能	3	
6	具备瓦斯、水文、火区地质建模功能	9	
7	具备主要灾害监测数据接入功能	6	
8	具备三维储量动态管理功能	5	
9	具备综合地质模型构建功能	5	
10	具备地质隐蔽致灾因素透明表达功能	5	
11	具备地质预测预报功能	5	
12	具备地质数据的共享功能	3	
13	具备地质模型可视化展示功能	5	
合计		100	

验收人员：

附件 2-2

井工煤矿智能采煤评分表

煤矿名称： 工作面名称： 验收日期：

序号	考核内容	标准分	得分
一	采煤机	20	
1	具有位置监测、摇臂角度、机身倾角、油位、油温、油压、瓦斯监测等传感器，传感器数量、精度满足智能化要求	3	
2	具有运行工况在线监测、故障诊断与预警功能	2	
3	具有自主定位功能，利用激光、雷达扫描、惯性导航等技术实现精确定位或三维定位	3	
4	具有“三角煤”机架协同控制割煤、直线度检测、智能调高、防碰撞检测、煤流平衡控制等功能	4	
5	具有记忆割煤(自适应截割)、自主割煤等功能，记忆截割(自适应截割)率大于 80%	2	
6	具有人工远程操控、机载无线遥控功能	2	
7	具有环境安全感知、瓦斯监控系统联动控制、人员接近自动停机等功能	2	
8	具有标准网络接口，满足《国家能源集团矿山机电设备通信接口和协议规范(EIP 标准)》	2	
二	支护系统	25	
1	具有电液控制功能	3	
2	具有自动喷雾降尘功能	2	
3	具有支架姿态自感知、自监测、自找直功能，高度、立柱压力、推移行程等支护状态监测功能	3	
4	具有上窜下滑控制、压力超前预警、群组协同控制、自动超前跟机支护、顶板状态实时感知、煤壁片帮预测等功能	4	
5	全工作面智能化跟机移架，自动跟机率达 80%以上	3	
6	具有远程操控功能，可实现人工远程干预控制	2	
7	具有标准网络接口，满足《国家能源集团矿山机电设备通信接口和协议规范(EIP 标准)》	2	
8	具有人员接近保护功能	3	
9	具有故障诊断功能	2	
10	综放工作面采用自动放煤或人工辅助干预放煤	1	
三	集控中心	20	
1	具有工作面设备远程集中控制、一键启停功能，可实现状态数据实时监测、显示、存储、上传、报表自动生成	3	

续表

序号	考核内容	标准分	得分
2	具有工作面可视化功能,可实现视频增强、跟随采煤机自动切换视频画面,云台摄像仪水平旋转角度范围不小于 180°,视频监控范围合理,监控画面清晰、稳定、无卡顿	4	
3	具有工作面主要设备(采煤机、液压支架)数据的智能分析、智能诊断、智能决策功能	3	
4	采煤机与“三机”具有自适应调速功能,液压支架供液均衡控制	2	
5	具有三维地质模型自动建模功能,三维模型可生成采煤机自主截割模板,且模型可迭代优化	2	
6	有冲击地压风险的工作面,采用远距离供液,泵站布置在冲击地压风险区域外及停采线外	2	
7	有冲击地压的矿井,采用远距离供电,配电点布置在冲击地压风险区域外及停采线外	2	
8	配备语音通话系统,具有与工作面语音通话的功能	2	
四	运输设备	15	
1	刮板输送机采用软启动装置	1	
2	刮板输送机具有运行工况监测、链条自动张紧、断链停机保护等功能	2	
3	刮板输送机、带式输送机具有负荷均衡智能控制、故障诊断功能	2	
4	刮板输送机卸煤点、转载机落煤点、带式输送机搭接点、采煤机割煤点等安装有喷雾降尘装置,实现智能喷雾	2	
5	带式输送机具备跑偏、堆煤、撕裂、烟雾等保护功能,且能够正常使用	2	
6	带式输送机具备煤量、带速、温度等监测功能,具有异物检测和带速智能调节功能	3	
7	自移式机尾采用电液控制,具备遥控和远程控制功能	3	
五	其他	20	
1	具备设备及环境感知监测、智能视频识别、人员精准定位等功能	4	
2	超前支护使用超前支架、工作面设备具备集中润滑、油质在线监测功能	3	
3	有线或无线网络覆盖	2	
4	综放工作面实现智能化放顶煤	1	
5	工作面单班作业人员≤5 人的得 6 分,≤3 人的得 8 分,无人的得 10 分	10	
	合计	100	

验收人员:

附件 2-3

井工煤矿智能掘进评分表

煤矿名称：　　　　　　　　　　　　工作面名称：　　　　　　验收日期：

序号	考核内容	标准分	得分
一	超前探测	5	
1	采用超前探测技术与设备	2	
2	超前探测设备机械化或自动化，具备自动接、卸钻杆，自动钻进，自动记录钻机运行参数等功能	1	
3	探测设备具有卡钻、顶钻、突然涌出有害气体等的自动识别和停钻功能	1	
4	探测设备具有全程钻进视频监控、测斜、数据处理等功能	1	
二	掘进机（掘锚机、连采机）	35	
1	具有无线遥控、远程控制功能，实现遥控截割与行走	10	
2	具有记忆截割功能，实现巷道全断面自动截割	6	
3	具有工况在线监测、故障诊断等功能	8	
4	具有人员定位安全预警联动或危险区域人员接近识别与报警停机功能	4	
5	具有设备姿态感知、工作环境状态识别与预警功能	3	
6	具有精确自主定位、自主定向导航功能	4	
三	支护钻锚	20	
1	配置临时支护设备，实现临时支护机械化或自动化	2	
2	采用机身自带钻臂或锚杆（索）钻车，实现锚杆（索）作业机械化	8	
3	支护形式与掘进工作面巷道参数相适应，配合掘进装备实现并行作业	4	
4	锚杆（索）作业流程自动化，锚固质量自检验	2	
5	具有工况在线监测及故障诊断功能	2	
6	具有自动运网、铺网功能	2	
四	转载运输	10	
1	带式输送机具有机尾自移功能，能够实现多部带式输送机集中控制	6	
2	具有设备运输状态实时监测及多设备间信号交互和联控功能	2	
3	带式输送机实现无人值守功能，梭车实现无人驾驶	2	
五	集控中心	20	
1	建有井下集控中心或地面集控中心	5	
2	掘进头和各转载点设置高清摄像仪，具有视频增强功能，实现掘进头及生产环境准确识别	6	
3	具有设备运行参数采集、存储、查询等功能	3	

续表

序号	考核内容	标准分	得分
4	实现掘进、运输设备的单机可视化操控	2	
5	具有工作面三维地质模型建模、修正及动态显示功能	1	
6	具有工作面环境智能监测和分析功能	2	
7	具有自动监测巷道顶板离层、底鼓、帮鼓,锚杆(索)受力数据采集、分析与预警功能	1	
六	其他	10	
1	工作面单班作业人员≤9人的得6分,≤7人的得7分,≤5人的得8分	8	
2	使用单轨吊、无极绳绞车或无轨胶轮车运送物料	1	
3	现场使用管路安装机器人、巡检机器人等新技术新装备新工艺	1	
	合计	100	

验收人员:

附件 2-4

井工煤矿灾害预警评分表

煤矿名称：　　　　　　　　　　　　　　　　　　　　　　　　验收日期：

序号	考核内容	标准分	得分
一	瓦斯灾害	20	
1	具有井下气体浓度、温度等在线监测功能	5	
2	高瓦斯矿井、突出矿井部署瓦斯抽采监测系统、瓦斯涌出异常分析系统	10	
3	煤与瓦斯突出矿井建立事故报警、防突信息化等系统	5	
二	矿井水灾	15	
1	具有常规气象环境监测、地表水监测、地面水文长观孔监测、井下常规水文监测功能	4	
2	具有水质监测功能，建立矿井水化学标准数据库，对各水源的涌水点水质进行自动测量并记录、分析其化学成分	3	
3	承压水隐患矿井，建立微震与电法联合监测系统，实现承压水层位、富水性以及导水裂隙高度或底板扰动破坏深度监测	5	
4	应用瞬变电磁法、高密度电法、三维地震完成采空区的范围、积水面积、积水量探测	3	
三	顶板灾害	10	
1	冲击地压矿井具备微震、矿震、地表岩移、顶板岩层位移监测功能	5	
2	掘进工作面具备应力、位移、顶板离层监测功能；采煤工作面具备支架工作阻力监测功能	5	
四	矿井火灾	20	
1	机电硐室具有火焰、烟雾、温度监测功能	5	
2	带式输送机具有沿线光纤测温、托辊感温、巡检机器人等监测功能；带式输送机机头、机尾具有滚筒温度、烟雾监测功能	5	
3	有自然发火危险的矿井以及密闭采空区应具备温度、压差、CO 浓度、O_2 浓度、CH_4 浓度等的监测功能	3	
4	有自然发火危险的矿井以及开放采空区应具备 CO_2浓度、O_2浓度、CH_4浓度、CO 浓度、C_2H_2浓度、温度等的监测功能	5	
5	有自然发火危险的煤柱区应具备煤体内温度、标志性气体监测或检测功能	2	
五	灾害融合与智能分析	35	
1	煤矿灾害关键参数人工检测数据应具备联网上传功能	5	
2	煤矿灾害预警平台具备统一采集、存储、管理、展示功能	15	
3	具备煤矿灾害多因素综合预警功能	15	
	合计	100	

验收人员：

附件 2-5

井工煤矿智能通风评分表

煤矿名称： 验收日期：

序号	考核内容	标准分	得分
一	监测感知	20	
1	测风站布置风速传感器,采用全自动测风或全断面平均风速反演	15	
2	主要进回风巷配置有绝对大气压、温度、湿度、压差传感器或同等功能多参数传感器	3	
3	瓦斯检查工巡检(包括检测、上板、记录等)全部实现无人化	2	
二	通风动力	25	
1	主要通风机在线监测模块具备风速、风压、温度、振动、频率、电流、电压等在线监测、故障分析诊断和预警功能	5	
2	主要通风机具备一键启动、一键反风、一键倒机和远程集中控制功能	6	
3	主要通风机具备风机叶片动叶可调或变频远程自动控制功能,实现在线最优供风调节	2	
4	局部通风机具备风量、温度、甲烷、电流、电压、振动等参数在线监测和分析功能	5	
5	局部通风机实现远程启停及远程集中控制	5	
6	局部通风机实现变频远程控制,具有风量、风速远程调节功能	2	
三	通风设施	30	
1	行车风门、主要行人风门具有就地自动控制功能,实现行车行人自动开闭	5	
2	行车风门、主要行人风门具有远程集中控制功能	3	
3	关键通风节点的风窗具有开启面积定量化就地自动控制和应急手动控制功能	2	
4	关键通风节点的风窗具有开启面积定量化远程集中控制功能;关键通风节点的风窗驱动动力不受瓦斯电闭锁的影响	5	
5	主要通风机房及其配电室、局部通风机、行车风门、主要行人风门、关键通风节点的风窗配备视频监控	10	
6	井下通风设施的施工实现机械化或自动化作业	2	
7	风井防爆门、井下防火门、快速隔离或密闭装置实现灾变自动控制或远程集中控制	3	
四	软件平台	25	
1	实现井巷、硐室、工作面、通风设施、通风动力等通风数字建模。自动建立通风网络拓扑关系、网络图关系。动态显示实时数据、风流方向和设施状态。在三维空间模型上以真实坐标和场景上显示实时数据、风流方向和设施状态	4	

续表

序号	考核内容	标准分	得分
2	通过通风阻力在线监测和平差计算，建立通风风阻数据库。基于通风机性能测试，建立个体特性曲线与转速、叶片角度和频率的关系模型，建立通风机性能数据库。对每个安装好的调节风窗建立开度和风阻增量的计算模型。通风立体图和通风网络图自动绘制、通风系统图在线动态管理。通风报表、监控报表自动生成	4	
3	在已知的各巷道风阻、自然风压和风机特性曲线条件下，进行分风解算。基于监测数据的实时分风解算（实时通风阻力解算），显示各巷道的风阻、风量和风压	5	
4	根据空间数据、进尺数据、监测数据、车辆和人员位置数据实时预测各用风地点的需风量。按照《煤矿安全规程》及现场实际（可人工输入参数）自动计算需风量	1	
5	基于需风量的计算和主要通风机性能数据库，辅助决策主要通风机运行频率或叶片角度，确定最佳工况点。对基于需风量的计算和局部通风机性能数据库，辅助决策局部通风机运行频率，确定最佳工况点。基于需风点风量和调节点位置，给出最优的风量调节方案	3	
6	计算每条巷道的灵敏度、可靠度以及通风系统可靠度，评价风流的稳定性。根据灵敏度和可靠度计算结果进行布局，满足通风系统的可测性和可控性	1	
7	基于风机在线监测数据，对通风系统可能出现的故障和缺陷动态诊断报警，对正在发生的故障及时诊断与定位	1	
8	在授权状态下，正常时期生产控风实现通风动力设备自主调控，以及通风动力与通风设施自主联动调控	2	
9	可模拟灾变烟流的扩散和漫延过程，动态分析灾害影响区域和范围，能快速进行反风模拟计算，可快速生成最佳避灾与救灾路线。灾变时期自动生成调风、控风方案，辅助决策最佳调风、控风方案	3	
10	实现安全监测监控、灾害预警、工业自动化、人员定位、车辆定位等系统融合	1	
合计		100	

验收人员：

附件 2-6

井工煤矿智能运输评分表

煤矿名称：　　　　　　　　　　　　　　　　　　　　　　　验收日期：

序号	考核内容	标准分	得分
一	主运输系统	60	
(一)	斜井运输	50	
1	带式输送机具备完善的保护装置，实现单机自动控制，具备语音联络及预警功能，实现煤仓煤量监测和给煤机控制	8	
2	实现装载、卸载位置视频监控全覆盖	6	
3	实现多条输送带的集中协同控制及无人值守，具备云巡视功能	10	
4	带式输送机具备软启动功能	6	
5	具备设备状态数据采集、分析与预警，数据异常报警、停机功能	3	
6	具备集中润滑、油脂在线监测、钢丝绳芯带面无损检测等功能	6	
7	具备防尘、灭火及智能除铁功能	3	
8	具备基于 AI 技术，实现胶带空载、跑偏、大块煤、堆煤、异物，以及人员违规穿越胶带等监测	6	
9	具有煤流量均衡控制功能	2	
(二)	立井运输	10	
1	具备实时在线监测、钢丝绳芯与闸瓦间隙监测、故障诊断与预警、收尾绳在线无损监测等功能	4	
2	提升机房、各水平停车点应配置视频监视系统	3	
3	具备自动装卸系统，实现无人值守，无人值守机房配置门禁系统和云巡视系统	3	
二	辅助运输系统	40	
(一)	无轨胶轮车运输	20	
1	具备完善的综合保护功能	2	
2	具备车辆通信与定位功能	4	
3	运输监控系统具备车辆状态监测、红绿灯控制等功能	4	
4	物资装卸实现机械化作业，巷道设置胶轮车失速保护装置	3	
5	集中装载点、上下人站点、加油检修硐室等场所具备视频监控功能	1	
6	具备车辆智能调度及物资一体化管控功能	4	
7	具备自动启停、自主避让、自动跟车、路径规划等无人驾驶功能	1	
8	建有辅助运输运行管理相关规章制度	1	
(二)	轨道运输	15	

续表

序号	考核内容	标准分	得分
1	具备机车通信与定位功能	2	
2	有轨电机车具备运输区段占用状态检测、信号及道岔的安全控制、区段进路的安全防护功能	1	
3	主要运输线路道岔、阻车器等安全设施实现远程控制	2	
4	集中装载点、上下人站点、检修硐室、绞车房、各车场、跑车防护装置处等设置视频监控;巷道口、硐室口、转弯处具备声光报警	2	
5	具备自动启停、自主避让、自动跟车、路径规划等无人驾驶功能	1	
6	具备车辆智能调度及物资一体化管控功能	2	
7	物资装卸实现机械化作业	1	
8	轨道运输斜井具有防跑车装置,提升绞车联锁具备自动控制、自动报警、自动停车等功能	2	
9	连续牵引绞车具备断绳自动阻车功能,保护设施具备自动监测、自动报警、自动停车等功能	1	
10	有辅助运输运行管理相关规章制度	1	
(三)	其他	5	
1	副井提升系统具备钢丝绳芯在线无损检测功能	1	
2	提升系统及架空乘人装置具备综合保护功能	2	
3	提升系统及架空乘人装置具备设备预防性维护和检查功能	2	
合计		100	

验收人员:

附件 2-7

井工煤矿智能辅助评分表

煤矿名称：　　　　　　　　　　　　　　　　　　　　　　　　验收日期：

序号	考核内容	标准分	得分
一	供配电系统	50	
1	实现供电系统高(低)压电气设备遥信、遥测、遥控、遥调、遥视信息的实时监控与电力调度	5	
2	井下主变电所、采区变电所设置电力监控系统、可视化监控，具备无人值守条件	5	
3	具备数据采集、数据辨识、运行监控、峰谷电能计量和能耗统计功能	5	
4	具备电子挂牌、故障诊断预警功能	5	
5	具备智能高压开关设备顺序控制功能、防误操作和操作安全闭锁功能	5	
6	井下重要配电点实现电力监控	3	
7	供电系统具备防越级跳闸保护功能	5	
8	主变电所电缆夹层、电缆沟具有火灾自动监测与报警功能	4	
9	具备变电所自动防灭火功能	3	
10	主要变电所具备机器人巡检和门禁系统	3	
11	软件接口开放，数据可接入智能一体化管控平台	4	
12	具备智能告警、供配电设备故障自诊断、定值智能整定功能、云端大数据分析功能	3	
二	供排水系统	40	
1	中央水泵房实现远程集中控制，具备两种可靠的引水装置及双水位双报警功能，设置可视化监控，具备无人值守条件	6	
2	可根据涌水量自动调节排水泵运行台数，自动切换排水管路，能在线监测主排水系统及污水处理系统工序能耗，实现多台泵自动轮换工作控制	4	
3	具备离散排水点监控及多水平阶梯式联合排水智能监控功能	3	
4	监测设备运行参数(电参数、水位、压力、真空度、温度、流量、振动等)，实现智能运行、远程监控	2	
5	污水处理系统监测水泵及管路的运行参数、设备状态、运行时间以及各流程环节，及时调节污水处理的各项参数	2	
6	具备设备集中自动润滑功能	2	
7	具备管网监测功能，实现供水管路的压力、流量、水质等参数监测	3	
8	固定泵房具备自动防灭火、云巡视功能	6	
9	能够根据设备运行状况实时、动态地进行系统健康状态评估，提供智能运维计划和方案，实现智能化运维	3	

续表

序号	考核内容	标准分	得分
10	井下主水仓具备淤泥在线监测及自动清淤功能	3	
11	排水系统具备与水文监测系统联动功能	3	
12	软件接口开放，数据可接入智能一体化管控平台	3	
三	压风制氮系统	10	
1	在线监测排气压力、排气温度、氮气浓度、流量、电参数、振动、风包压力、风包温度、压风机及阀门、水泵运行参数，具备数据存储、故障报警、记录查询功能，具有远程、自动、手动等多种控制方式，实现远程监控	2	
2	压风(制氮)机房及配电室具备自动防灭火和云巡视功能	2	
3	压风机及冷却水泵具备自动轮换运行、故障自动倒机、定时自动倒机和一键倒机、风包定期自动排污等功能	1	
4	根据风压、风量需求确定风机工作台数，实现自动调风、氮气浓度调节	1	
5	能够根据设备运行状况实时、动态地进行系统健康状态评估，提供智能运维计划和方案，实现智能化运维	1	
6	压风机采用变频调速控制	1	
7	具备管网压力及漏风监测功能	1	
8	软件接口开放，数据可接入智能一体化管控平台	1	
合计		100	

验收人员：

附件 3-1

露天煤矿智能穿爆评分表

煤矿名称： 验收日期：

序号	考核内容	标准分	得分
一	穿爆管理系统	30	
1	具备爆破警戒区域的远程监控及危险预警功能	4	
2	根据输入的煤岩、台阶参数等信息实现自动设计钻孔	5	
3	实现爆破单孔药量、总药量精确计算	3	
4	根据历史爆破效果智能优化爆破孔网参数，实现爆破作业孔位智能布置、火工品单耗精确设计	6	
5	具备自动布孔功能，可自动设计炮孔的位置、深度、数量	4	
6	具备三维地质建模功能	3	
7	具备爆破设计、爆破效果仿真模拟、爆破效果预测、爆破作业远程监控、危险预警等功能	5	
二	穿孔设备	40	
1	具备状态监测、故障预警、报警功能	6	
2	具备钻头位置精确监控功能	6	
3	实现作业除尘，满足环保要求	5	
4	实现自主导航、路径规划	5	
5	实现精准定位，钻头位置与设计孔位对应	4	
6	实现自动钻进	4	
7	实现孔深、高程等数据的精准测量	3	
8	实现可视化远程操控	3	
9	实现钻机自主运行	2	
10	具备岩石属性识别功能	2	
三	装药车	10	
1	实现根据孔位自动定位	2	
2	实现定量、自动、精准装药	3	
3	实现自主行走、远程监控	2	
4	填塞机自动接收孔位信息，逐孔、自动充填炮孔	3	
四	智能化覆盖率及爆破量	20	
1	(智能化穿爆设备数/穿爆总设备数)×100%，1 组(1 台穿孔设备和 1 台装药车)以上或达到 10%以上的得 9 分，达到 40%以上的得 12 分，达到 80%以上的得 15 分	15	
2	(智能化爆破量/爆破总量)×100%，达到 10%以上的得 3 分，达到 30%以上的得 4 分，达到 80%以上的得 5 分	5	
合计		100	

验收人员：

附件 3-2

露天煤矿智能采剥(单斗卡车工艺)评分表

煤矿名称：　　　　　　　　　　　　　　采剥工作面名称：　　　　　　　验收日期：

序号	考核内容	标准分	得分
一	卡车	30	
1	具有自检、设备状态监测、故障诊断系统功能	2	
2	具有应急远程接管、可视化远程干预等功能	3	
3	具备安全预警、胎压监测、发动机和发电机自动灭火等功能	2	
4	保留原车操作方式，转向、驱动、制动、举升、行车等系统进行线控化改造，实现自动驾驶	3	
5	自动采集无人驾驶行驶区域地形数据，支持数据自动统计及更新功能	2	
6	具有精准定位、建立无人驾驶高精度地图系统	3	
7	具有无人驾驶调度管理和车辆调度路径规划功能，能够实现路径的优化修正	2	
8	具备多车会车的交通管理功能	2	
9	具有运行仿真系统，实现智能排队、进场停车、装车、出场等环节协同作业	3	
10	实现复杂工况下自主运行，具备防撞预警、智能避障及绕障等功能	3	
11	具有不同工况下的速度优化控制功能	2	
12	实现路权智能管理，具备卡车编队有序运行同时与有人驾驶设备稳定运行的功能	3	
二	单斗挖掘机	20	
1	具备设备故障在线监测、报警、自检功能	2	
2	单斗挖掘机电缆实现自动收放	2	
3	铲斗斗齿具备监测、监控功能	2	
4	具备铲斗状态数据分析、故障预测预警功能	1	
5	电气室等关键部位具有火情突发预警系统	2	
6	关键部位具有自动灭火系统	2	
7	具备远程一键启停应急驾驶权限	1	
8	具备可视化远程驾驶模式功能，应急接管中心具备优先控制权限	2	
9	具备铲斗精准定位、铲臂路径自动规划、车铲自动对位等功能	2	
10	具备 360°障碍物识别系统及工作面实时监控系统	2	
11	实现作业环境实时感知、采集与重构，实现无人自主装车	2	
三	辅助设备	15	
1	具备精准定位、多车地图精准位置配准功能	2	

续表

序号	考核内容	标准分	得分
2	具备装备周边环境全景感知、信息保障与远程在线功能	2	
3	具备装备作业状态实时感知、数字模型精准重构功能	1	
4	具备障碍物识别、主动避障、安全预警等功能	2	
5	具备多车调度通信管理与应急保障功能	1	
6	具备整机电控化等功能,实现行走、作业可视化远程操控	2	
7	多种装备具备自动感知与决策、自主作业等功能	1	
8	具备路径自动规划与调度优化功能	2	
9	(推土机、平路机等)铲刀位置具备可视化监控、作业状态监测及报警等功能	2	
四	间断工艺系统	15	
1	建立智能设备安全预警系统,具备防撞预警、防疲劳驾驶、超速预警、避障、绕障等功能	3	
2	建立智能监测设备运行状态监测系统,具备轨迹回放、电子围栏、路径规划等功能	2	
3	建立间断工艺智能化生产系统及应急指挥系统,各系统可以独立运行	2	
4	当智能化系统出现故障时,人工能够接管,保证系统稳定运行	2	
5	通过 V2N(车—控制中心)、V2V(车—车)、V2I(车—路)的车—路—控制中心的实时数据传输技术,实现单斗挖掘机—卡车—辅助设备协同运行	2	
6	智能卡车调度管理平台具备产量精确计量、实时配车等功能	2	
7	具备智能地质勘察与采剥作业数据的配准,智能核算功能	2	
五	智能化设备覆盖率及采剥量	20	
1	(智能化采剥设备数/采剥设备总数)×100%,1 组(即 1 个机组,含配套单斗挖掘机、卡车、辅助设备)以上或达到 10%以上的得 9 分,达到 40%以上的得 12 分,达到 80%以上的得 15 分	15	
2	(智能化采剥量/采剥总量)×100%,达到 10%以上的得 3 分,达到 30%以上的得 4 分,达到 80%以上的得 5 分	5	
合计		100	

验收人员:

附件 3-3

露天煤矿智能采剥(半连续工艺)评分表

煤矿名称：　　　　　　　　　　采剥工作面名称：　　　　　　验收日期：

序号	考核内容	标准分	得分
一	卡车	30	
1	具备自检、设备状态监测、故障诊断系统功能	2	
2	具备应急远程接管、可视化远程干预等功能	3	
3	具备安全预警、胎压监测、发动机和发电机自动灭火等功能	2	
4	保留原车操作方式，转向、驱动、制动、举升、行车等系统进行线控化改造，实现自动驾驶	3	
5	自动采集无人驾驶行驶区域地形数据，支持数据自动统计及更新功能	2	
6	具有精准定位、建立无人驾驶高精度地图系统	3	
7	具备无人驾驶调度管理和车辆调度路径规划功能，能够实现路径的优化修正	2	
8	具备多车会车的交通管理等功能	2	
9	具有运行仿真系统，可实现智能排队、进场停车、装车、出场等环节协同作业	3	
10	实现复杂工况下自主运行，具备防撞预警、智能避障及绕障等功能	3	
11	具备不同工况下的速度优化控制功能	2	
12	实现路权智能管理，具备卡车编队有序运行同时与有人驾驶设备稳定运行的功能	3	
二	单斗挖掘机	20	
1	具备设备故障在线监测、报警、自检功能	2	
2	单斗挖掘机电缆实现自动收放	2	
3	铲斗斗齿具备监测、监控功能	2	
4	具备铲斗状态数据分析、故障预测预警功能	1	
5	电气室等关键部位具有火情突发预警系统	2	
6	关键部位具有自动灭火系统	2	
7	具备远程一键启停应急驾驶权限	1	
8	具备可视化远程驾驶模式功能，应急接管中心具备优先控制权限	2	
9	具备铲斗精准定位，铲臂路径自动规划，车铲自动对位等功能	2	
10	具备 360°障碍物识别系统及工作面实时监控系统	2	
11	具备作业环境实时感知、采集与重构，实现无人自主装车	2	
三	破碎站及带式输送机	30	
1	破碎站实现远程操控，破碎机具备断电、过载、失速、堵料等保护功能	5	

续表

序号	考核内容	标准分	得分
2	破碎站实现数字化料斗、破碎站无人值守,给料机、破碎机可自适应协同调速	4	
3	破碎站具有网络通信及状态监测功能,能够实现应急通信保障	3	
4	自移式破碎站具备自动对中、多设备同步移动,受料、排料部姿态自适应调整等功能	3	
5	具备设备故障自诊断功能,实现周围环境噪声及粉尘等监测、预警、诊断、控制等	3	
6	带式输送机实现变频驱动、自动张紧、智能调速、远程监控	3	
7	实现卡车、破碎站、胶带等多设备集群协同控制	3	
8	带式输送机具有集中润滑系统	3	
9	带式输送机具备煤流智能监测、机器人巡检等功能	3	
四	辅助设备	10	
1	具备装备周边环境全景感知、信息保障与远程在线功能	2	
2	具备装备作业状态实时感知、数字模型精准重构功能	2	
3	具备障碍物识别、主动避障、安全预警等功能	2	
4	具备路径自动规划与调度优化功能	2	
5	(推土机、平路机等)铲刀位置具备可视化监控、作业状态监测及报警等功能	2	
五	半连续工艺系统	10	
1	建立智能设备安全预警系统,具有防撞预警防疲劳驾驶、超速预警、避障、绕障等功能	2	
2	建立智能监测设备运行状态监测系统,具有轨迹回放、电子围栏、路径规划等功能	2	
3	建立半连续工艺智能化生产系统及应急指挥系统,各系统可以独立运行。当智能化系统出现故障时,人工能够接管,保证系统稳定运行	2	
4	通过V2N(车—控制中心)、V2V(车—车)、V2I(车—路)的车—路—控制中心的实时数据传输技术,实现单斗挖掘机—卡车—破碎站—胶带协同运行	2	
5	智能卡车调度管理平台具备生产自动精确计量、实时配车等功能	2	
合计		100	

验收人员:

附件 3-4

露天煤矿智能采剥(连续工艺)评分表

煤矿名称：　　　　　　　　　　　　采剥工作面名称：　　　　　　　　验收日期：

序号	考核内容	标准分	得分
一	采剥设备	30	
1	具备运行状态监测、运行数据融合分析、故障诊断与预警预测功能	8	
2	具备远程操控、模式切换、一键启停功能	5	
3	具备整机作业流程自动控制、远程环境可视化监控功能	5	
4	具备自适应记忆切割功能,实现连续采剥无人高效作业	4	
5	对倾角、风速等环境变量监测预警	3	
6	具备障碍物识别功能,能够实现自动感知、自动作业、跟机干预	5	
二	运输设备	30	
1	带式输送机实现变频驱动、自动张紧、智能调速、远程监控	8	
2	带式输送机具有集中润滑系统	6	
3	带式输送机具备煤流智能监测功能,可实时监测带速、煤量、温度等	6	
4	带式输送机具备根据煤量自适应调速、机器人巡检等功能	6	
5	具备多机协同、远程集控功能	4	
三	排土机	20	
1	具备连续采剥工艺设备集中控制功能	6	
2	具备自动调节协同控制功能	3	
3	具备智能控制功能,实现连续开采工艺无人化作业	3	
4	具备整机作业流程自动控制、远程环境可视化监控功能	4	
5	对倾角、风速等监测预警	4	
四	连续工艺系统	20	
1	实现采运排设备在线无盲区、智能监测	8	
2	具备自动对中及协同控制功能	6	
3	具备智能分析决策和集群控制功能,实现连续开采无人作业	6	
合计		100	

验收人员：

附件 3-5

露天煤矿灾害预警评分表

煤矿名称：　　　　　　　　　　　　　　　　　　　　　　　　验收日期：

序号	考核内容	标准分	得分
1	实现人员配备无线语音通话系统	9	
2	具备主要交叉路口、采区、涵洞等关键部位视频采集、上传及远程调取功能	6	
3	实现人员误入危险区域自动报警	6	
4	具备应急通信系统，可实现快速组网	8	
5	具备边坡智能化监测功能，实现地表变形智能化监测与地下变形智能化监测	5	
6	具备应力智能化监测功能，实现土应力、地应力、结构内力等智能化监测	4	
7	具备地下水位、水温、水量、水质、水压、边坡渗水等智能化监测功能	4	
8	具备边坡位移实时数据采集与分析、滑坡灾害预警功能	8	
9	具备降雨量监测设备及系统	5	
10	通过对接气象部门的公共开放接口，具备环境管理系统及时获取气象情况的功能	5	
11	防洪设备设施齐全、有效且可实现根据水位报警、自动启停	5	
12	具有防洪应急灾害处置管理办法与处置方案	5	
13	具有防洪预警的人员与装备定位及环境智能监测总控系统	3	
14	具有矿山生态破坏和修复情况监测系统	5	
15	具有灾害天—地一体监测系统	3	
16	具有废水、废气、固体废物等污染物监测系统	5	
17	能够废水识别，分开处理。矿坑排水沉淀处理、工业场地排水经隔油及沉淀处理	2	
18	火灾监测系统具备自燃风险识别、升温精准判别、温度远距测定、位置精准定位等功能	5	
19	具备噪声监测的功能，监测机器维护和爆破作业循环的噪声	2	
20	各灾害管理系统集成并与生产系统集成，协同运行	5	
合计		100	

验收人员：

附件 3-6

露天煤矿智能辅助评分表

煤矿名称：　　　　　　　　　　　　　　　　　　　　　　验收日期：

序号	考核内容	标准分	得分
1	具备地质三维模型构建功能	5	
2	具备开采三维模型构建功能，实现基于模型的工程量计算及剥采比设计、采排规划设计、专项方案设计等	5	
3	具备地表、开采现状、爆堆、采空区等测绘三维模型（数字高程模型或实景模型）构建功能	5	
4	具备开采现状、爆堆、采空区等测绘三维模型的定期更新及动态管理功能，实现工程量的快速计算及动态管理	5	
5	实现工程量的计算及动态管理，实现露天煤矿采煤量和岩土剥离量自动快速计算	5	
6	建立矿山工程数字化交付系统，实现三维模型轻量化浏览、工程信息基于三维模型一体化展现	5	
7	智能防排水系统，实现水文监测、无人值守智能泵站及远程集控系统	5	
8	变电所具备无人值守、运行监控、能耗统计、峰谷电能计量、电能质量分析等功能	5	
9	变电所具备远程监控、智能告警、故障快速隔离、防越级跳闸、自动防灭火等功能	5	
10	企业智能保养和维修监控系统，实现传感层、数据层、决策层等数据分析处理	5	
11	机电设备维修管理系统实现故障统计、分析，具备全生命周期管理功能	5	
12	生产辅助岗位实现机器人替代、运维效率提高、运维成本降低	7	
13	具备车辆管理系统，实现辅助车辆定位、违章监测、轨迹查询和统计	9	
14	给排水泵站实现自动运行、无人值守、远程监控	9	
15	固定岗位实现无人值守或机器人替代	10	
16	水、电、油等能耗实现在线计量、实时监测，具备统计、分析溯源等功能	10	
合计		100	

验收人员：

附件4

智能选煤厂评分表

选煤厂名称：　　　　　　　　　　　　　　　　　　　　验收日期：

序号	考核内容	标准分	得分
一	基础平台	25	
1	主干网传输速率≥1 000 Mb/s，具备网络及数据安全功能	3	
2	建立标准数据库，具备数据互通、冗余备份等功能	3	
3	标准数据处理与换算方法符合GB/T 25742.2—2013要求，并通过原始基础数据进行换算	2	
4	建立专家知识库，含选煤知识、专用算法、曲线绘制、分析与评价、生产管理与控制等方法经验，并能调用、共享	3	
5	系统具备故障预警及故障诊断功能，设备健康评估报告自动生成，实现设备运行状态可视化展示	3	
6	建立保护装置试验检查标准，定期生成保护试验任务，同时与工控机程序进行闭锁，实现自动监控	2	
7	建立生产调度指挥和通信平台，与移动终端互联互通	2	
8	应用云平台(虚拟集群)统一分配部署计算机资源及应用	3	
9	建立集中的用户管理平台，集中管理选煤厂各信息系统的用户数据，实现信息系统用户的集中认证、单点登录	1	
10	建立一体化管控平台，具备多维度集中展示功能	3	
二	自动控制系统	50	
1	远程集控系统具备生产故障快速报警和诊断故障性质、安全报警、分级定点推送到岗等功能	2	
2	生产设备、阀门、闸板等实现远程集中控制	2	
3	洗选设备、仪表、工况等实现在线监测、联动分析、预警	3	
4	实现水、药(油)、介等消耗品自动计量与调节及电耗计量	5	
5	原煤、中间产品煤及商品煤的带式输送机安装在线灰分监测设备	2	
6	人员定位系统具备三维精确定位功能，定位精度≤3 m	2	
7	破碎站、带式输送机走廊、驱动间、拉紧间、变压器室、配电室等部位具备超温识别、火灾探测和消防功能	3	
8	轴封水与设备联动实现压力控制，泵类设备的前后阀门与泵联动控制，扫地泵实现依靠液位自动控制	2	
9	通过监测离心液粒度等数据，实现离心机筛篮破损监测	1	

续表

序号	考核内容	标准分	得分
10	通过监测分级溢流煤泥粒度，实现浓缩分级效果监测	1	
11	原煤系统、带式输送机配置金属探测装置	1	
12	设置原煤胶带秤，产品仓设物位或重量自动检测装备	1	
13	排矸捡杂、采制样、配电室及带式输送机巡检等采用机器人或其他技术替代人工	3	
14	带式输送机配置可靠的防撕裂装置，识别胶带撕裂和划痕	1	
15	冲洗水、除尘、环境监测等系统实现自动控制及集控联锁	2	
16	照明实现智能控制，自动启停	2	
17	主要生产区域、危险区域配视频识别系统，实现人员越界等不安全行为报警，胶带跑偏、物料粒度超限等分级报警闭锁，设备启停视频联动，信息分级、分权限推送	5	
18	安防系统与视频识别系统融合联动	1	
19	主要设备高低压综保实现运行参数异常预警、报警、趋势分析	1	
20	空压机实现恒压供风、轮流启停、无人值守、远程监控	1	
21	刮板输送机实现飘链、拉斜、断链、杂物在线监测及分级报警闭锁	1	
22	有害气体易集聚及高粉尘场所配置在线监测装置	2	
23	配煤及装车系统具备智能配煤，车辆识别及精准定位、自动装载、自动称重或定量装车、异常监测及智能处理功能	6	
三	数据采集与传输	10	
1	智能控制系统采集选煤厂各工艺环节在线、离线数据	2	
2	生产、设备、煤质、消耗等数据实现自动采集	2	
3	实现视频监控、调度通信、生产监控、MES 等系统数据共享和联动	3	
4	自动化控制设备支持主流通信协议及对应通信端口，提供清晰准确的参数和点表，对监测数据联网等接口安全开放	2	
5	上位机软件提供 OPC 服务、关系数据库、ftp 文本数据文件上传等数据接入方式	1	
四	智能分析与决策	15	
1	建立生产组织模型，具备自主分析物料性质、大数据分析法数据建模、机器学习算法自主分析、预测工艺参数等功能，实现最大经济效益等原则下生产计划下达、智能分选	3	
2	重介分选工艺自主调节操作参数，实现工艺环节智能控制	1	
3	重选、干选和浮选工艺环节实现自动/远程控制	1	

续表

序号	考核内容	标准分	得分
4	分选环节实现质量稳定、精煤产率、效益提高,实现根据产品要求及最大经济效益等策略下工艺环节生产参数调节	2	
5	采用部分入洗工艺的选煤厂,具备依据最大效益原则实现入洗量、分选密度联调功能	2	
6	对浓缩过程工艺参数进行检测分析,实现药剂添加量及添加比例自主预测、自主调节,实现智能浓缩	2	
7	对压滤上下游信息统筹分析,实现智能加料、排队卸料	1	
8	实现生产、经营、技术、职防、节能与环保协同管理	2	
9	实现生产指标预测、产品结构优化分析、经济效益预测	1	
合计		100	

验收人员:

附件 5

国家能源集团
CHN ENERGY

煤矿智能化建设项目验收申报书

申报单位(矿/厂):____________________

申报项目类别:________________________

申报等级:____________________________

子(分)公司:__________________________

申请日期:____________________________

煤矿智能化办公室制

__________年__________月

一、自评报告

(一)基本情况：

(生产能力、职工人数、生产工艺、全员工效、信息化系统等)

(二)建设内容：

(可参照本书或根据实际详细说明)

(三)关键技术：

(系统、工艺、装备等)

(四)实施效果：

(减人、增安、提效等方面)

二、申报审批

申报单位（矿/厂）意见：   负责人（签字）　　　　单位（盖章）： 年　　月　　日
子（分）公司意见：   负责人（签字）　　　　单位（盖章）： 年　　月　　日
煤矿智能化办公室意见：   负责人（签字）　　　　单位（盖章）： 年　　月　　日

说明：

(1) 露天煤矿应根据矿山实际情况选择对应的工艺评价指标。若涉及两种及以上的开采工艺，则在验收评分时须综合评价，按照各工艺完成的工程量(m^3)计算权重，各工艺权重乘以评分再求和即为最终得分，采用下式计算：

$$L=L_1\times n_1+L_2\times n_2+\cdots \tag{1}$$

式中 L——各工艺评分；

L_1——生产工艺 1 评分；

L_2——生产工艺 2 评分；

……

n_1——生产工艺 1 工程量权重；

n_2——生产工艺 2 工程量权重；

……

(2) 评分项目内容中若有缺项时，按下式进行折算：

$$A=\frac{100}{100-B}\times C \tag{2}$$

式中 A——最终得分；

B——缺项标准分；

C——评分得分。

附件 6-1

井工煤矿智能化建设项目评分汇总表

煤矿名称								验收日期	
评分项目	基础设施	透明地质	智能掘进	智能采煤	灾害预警	智能通风	智能运输	智能辅助	合计
评级得分									
权重	10%	10%	20%	20%	10%	10%	10%	10%	100%
最终得分									
验收结论									
验收人员									

附件 6-2

露天煤矿智能化建设项目评分汇总表

煤矿名称					验收日期	
评分项目	基础设施	智能穿爆	智能采剥	灾害预警	智能辅助	合计
评级得分						
权重	20%	20%	35%	15%	10%	100%
最终得分						
验收结论						
验收人员						